DE LA
DESTRUCTION
MÉCANIQUE
DE LA PIERRE
DANS LA VESSIE.

DE LA

DESTRUCTION

mécanique

DE LA PIERRE

DANS LA VIGNE.

DE LA

DESTRUCTION

MÉCANIQUE

DE LA PIERRE

DANS LA VESSIE;

OU

CONSIDÉRATIONS NOUVELLES

SUR

LA LITHOTRITIE.

Mémoire lu à l'Institut (Académie des Sciences), les 10 août
et 14 septembre 1829.

AVEC PLANCHES.

PAR J. J. A. RIGAL,

Médecin en chef de l'hôpital de Gaillac, Correspondant de l'Académie
royale de médecine de Paris; des Sociétés royales de médecine de
Toulouse, Bordeaux, Rouen, etc.

> Ma conscience ne falsifie pas un iota,
> Mon inscience, je ne sais.
> MONTAIGNE. *Essais*, Liv. Ier.

PARIS,

CHEZ GABON, LIBRAIRE-ÉDITEUR,

Rue de l'École-de-Médecine, nº 10;

MONTPELLIER, MÊME MAISON;

BRUXELLES, au Dépôt de Librairie médicale française.

1829.

A

M. LE BARON PORTAL,

PREMIER MÉDECIN DU ROI;

Chevalier de l'Ordre de Saint-Michel; Commandeur de l'Ordre royal de la Légion d'honneur; Professeur de médecine au Collége royal de France, d'anatomie au Jardin du Roi; Membre du conseil-général des hôpitaux et hospices civils de Paris; de l'Institut (Académie des sciences) ; Président d'honneur perpétuel de l'Académie royale de médecine; du Cercle médical et de la Société de médecine pratique ; de l'Institut de Bologne ; des Académies de Turin, Padoue, Gênes, Pétersbourg, Wilna, Copenhague, Berne, Harlem, Bruxelles, Anvers, Louvain, Édimbourg, Madrid, Bogota, Montpellier, et de plusieurs autres Sociétés savantes.

MONSIEUR LE BARON,

Votre vie entière fut consacrée aux progrès de la science, au soulagement de l'humanité, et votre vieillesse est couronnée par les plus hautes dignités dont un médecin puisse s'enorgueillir. Souffrez qu'un de vos compatriotes vous en dépouille un instant pour n'offrir cet opuscule qu'à Antoine PORTAL, à l'anatomiste, au praticien, à l'auteur dont le nom vaut toutes les distinctions et dont les travaux les justifient toutes.

J. RIGAL, D. M. M.

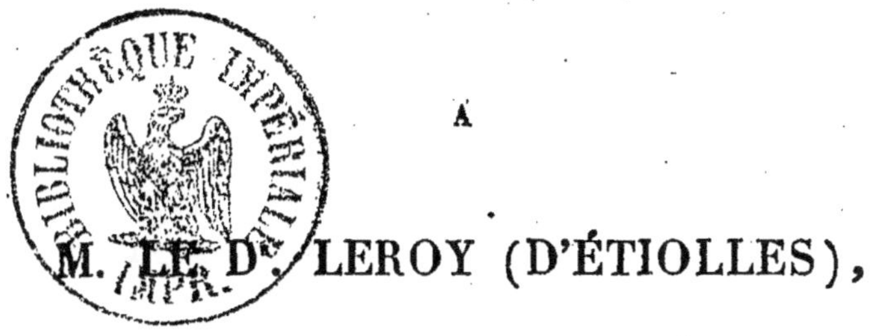

A

M. LE Dr LEROY (D'ÉTIOLLES),

CHEVALIER DE L'ORDRE ROYAL DE LA LÉGION D'HONNEUR.

MON CHER LEROY,

Avant mon arrivée à Paris vous ignoriez mon nom, et je ne connaissais le vôtre que par les travaux qui s'y rattachent. La lecture de vos ouvrages, la bonne foi qui / est empreinte m'avaient inspiré pour votre caractère une estime profondément sentie. Vous m'avez prouvé depuis que je ne m'étais pas trompé, en m'initiant avec franchise dans tous les secrets d'un art que vous sûtes créer. Si j'obtiens jamais des succès en lithotritie, il vous en reviendra une part. Recevez, je vous prie, cette dédicace comme un témoignage de ma gratitude et de mon inviolable amitié.

J. RIGAL, D. M. M.

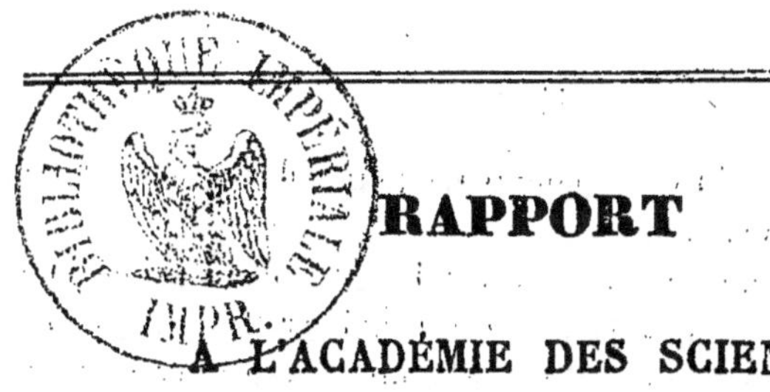

RAPPORT

A L'ACADÉMIE DES SCIENCES

Un Mémoire de M. le docteur RIGAL, ayant pour titre :
De la Destruction mécanique de la pierre dans la vessie.

(Lu à l'Institut le 16 novembre 1829.)

Le Secrétaire perpétuel de l'Académie, pour les sciences naturelles, certifie que ce qui suit est extrait du procès-verbal de la séance du lundi 16 novembre 1829.

———

Messieurs,

Nous avons été chargés, MM. Boyer, Magendie, Serres, Flourens et moi, d'examiner les procédés et les instrumens décrits dans le Mémoire dont nous venons de vous rappeler le titre. M. le docteur Rigal l'avait lu dans vos séances des 27 juillet et 14 septembre derniers, et vous l'aviez écouté avec intérêt, parce que ce sujet, important pour l'humanité, fait honneur à la France, et parce que l'auteur a su vous exposer avec une grande clarté les modifications ingénieuses et les perfectionnemens introduits par lui dans la lithotritie à l'aide d'instrumens qu'il vous a présentés, et pour l'invention desquels il avait eu soin de prendre date, puisqu'il en avait déposé les dessins dans vos archives.

Il est peu de phénomènes morbides qui se présentent à l'imagination sous un aspect plus effrayant que ceux qui se rattachent à l'existence d'une pierre dans la vessie. Les douleurs dont ce corps étranger est la source, l'opération chanceuse par laquelle le chirurgien parvient à l'extraire à travers une plaie récente et intéressant des parties éminemment sensibles, tout semble se réunir pour accroître la terreur des malades, pour pousser l'homme de l'art à chercher de nouvelles ressources contre une aussi cruelle infirmité. De ces deux sentimens sont nées mille tentatives pour dissoudre chimiquement les calculs vésicaux, mille autres pour perfectionner la lithotomie, et c'est encore à leurs inspirations que nous sommes redevables de la lithotritie, méthode dont les rudimens se trouvaient épars çà et là dans les archives de la médecine, que l'Académie des Sciences a vue naître, qu'elle a si noblement encouragée, et qu'elle a la jouissance de voir se perfectionner tous les jours.

Accueillie avec transport par les calculeux, la nouvelle opération trouva quelques incrédules parmi les hommes voués depuis longtemps à la pratique de la chirurgie, et il faut convenir qu'aujourd'hui même plusieurs de leurs objections conservent une certaine valeur : en province surtout, la lithotritie rencontra de nombreuses résistances. Éloignés de la capitale, où se faisaient les premiers essais, et qui seule offre de grandes ressources pour la fabrication des instrumens et leur application, quelques-uns des médecins de nos départemens conservèrent des doutes ; d'autres, convaincus de ses avantages, crurent que le broiement de la pierre était une opération trop difficile, trop délicate, pour tomber entièrement dans le domaine chirurgical. Ainsi, tandis qu'à Paris on découvrait les imperfections de la méthode et qu'on cherchait à les faire disparaître, ailleurs on l'étudiait, à quelques exceptions près, comme une sorte de curiosité. Parmi les chirurgiens qui n'ont pas reculé devant des difficultés nombreuses et variées, M. le docteur Rigal, de Gaillac, mérite d'être mentionné honorablement. Habitant une petite ville éloignée, livré presque à ses seules ressources, il a su cependant se tenir au courant de tout ce qui se faisait en lithotritie, et créer un nouveau procédé. Votre Commission a vu ses travaux avec d'autant plus d'intérêt, qu'ils témoignent d'un zèle à toute épreuve et d'une grande aptitude aux combinaisons de la mécanique.

Le Mémoire de M. Rigal se divise en trois parties : dans la première l'auteur examine le cathétérisme rectiligne, ou le procédé à l'aide duquel on introduit dans la vessie une sonde non courbée qui permet les mouvemens nécessaires pour le broiement de la pierre.

La possibilité de faire arriver dans la vessie une sonde droite de gros calibre étant considérée comme première et indispensable condition de la lithotritie, M. Rigal a cherché le moyen de rendre cette condition possible dans l'immense majorité des cas. Il arrive en effet assez fréquemment que l'introduction d'une sonde droite dans la vessie est impraticable, bien qu'une sonde courbe de même calibre puisse y pénétrer aisément. Cet inconvénient peut tenir à plusieurs causes : soit à la sensibilité extrême de l'urèthre chez certains sujets, soit à la courbure trop considérable de ce canal chez d'autres, soit enfin à l'engorgement de la glande prostate, et surtout de son lobe moyen. Un assez grand nombre de malades, se trouvant placés dans ces diverses circonstances, seraient donc forcés de renoncer aux avantages de la lithotritie pratiquée avec des instrumens droits, si l'on ne parvenait, par un moyen quelconque, à faire pénétrer une sonde de cette forme dans l'intérieur de la poche cystique. Ce moyen, M. Rigal l'a imaginé et mis à exécution. Un fait consigné dans l'ouvrage de M. Leroy (d'Étiolles) lui donna l'idée de faire construire une sonde qui, introduite dans la vessie au moyen d'un mandrin courbe, pourrait ensuite être redressée graduellement et sans aucun effort par une tige droite.

La sonde de M. Rigal, creuse et pliante comme une algalie ordinaire de gomme élastique, renferme dans son intérieur un écrou flexible, en tout semblable à un ressort spiral de bretelles. Cet écrou fait corps avec les parois de la sonde qu'il occupe vers l'extrémité vésicale dans une étendue de trois pouces et demi, longueur approximative de la courbure de l'urèthre. Si dans l'intérieur de l'algalie on porte un mandrin courbe, chacune des hélices dont le ressort spiral se compose s'éloigne de la plus voisine dans le sens de la convexité du mandrin, tandis qu'elle se rapproche de cette même hélice dans le sens de la concavité. Dès que la sonde est arrivée dans la vessie, on retire le mandrin courbe pour introduire un mandrin droit taraudé d'un pas de vis, en harmonie de grosseur avec les hélices de l'écrou. Ces hélices, rappelées une à une, redressent sans le moindre effort le canal de l'urèthre, protégé, pendant cette manœuvre, par les parois mêmes du cathéter. Ainsi l'instrument devient droit de courbe qu'il était, et par cela même l'urèthre, redressé d'une manière insensible, peut s'accoutumer à recevoir un instrument rectiligne. C'est, au reste, suivant le témoignage de M. Rigal, ce que l'expérience est venue confirmer. La sonde à vis nous paraît donc avoir une utilité réelle, en ce qu'elle permet de pratiquer avec des instrumens droits, jusqu'ici les plus efficaces, la lithotritie sur des individus chez lesquels cette opération eût été impossible sans ce moyen préparatoire. Cette algalie pourra fournir en outre une ressource précieuse contre certains engorgemens de la glande prostate qui simulent la paralysie de la vessie.

Après s'être occupé des conditions nécessaires à l'introduction des instrumens lithotriteurs dans la vessie, l'auteur, dans la seconde partie de son Mémoire, passe en revue les procédés mis jusqu'à présent en usage pour le broiement de la pierre. Il en existe deux : dans le premier, que l'auteur nomme *procédé des perforations successives*, le chirurgien, après avoir percé un trou plus ou moins grand, lâche le calcul, le saisit dans un autre sens, le perfore de nouveau, et ainsi de suite, jusqu'à ce qu'enfin le corps étranger se brise sous l'effort de la pince qui le presse.

Dans le second, on a pour but de ne pas se dessaisir de la pierre jusqu'à ce qu'elle soit réduite en fragmens. Pour cela on cherche à évider le premier trou qu'on a percé, à creuser dans l'intérieur du calcul, à lui donner, comme on le dit, la forme d'une coque plus ou moins friable.

M. Rigal examine avec soin les divers appareils d'instrumens inventés pour remplir cette double indication. Dans cette discussion intéressante, l'auteur fait preuve d'impartialité, et note fidèlement les avantages et les défauts de ces deux procédés. Nous ne le suivrons pas dans sa critique éclairée par une grande netteté d'expression. Les traits les plus saillans sont dans les propositions suivantes : *Les perforations successives exigent des manœuvres répétées pour obtenir le brisement en éclats. Dans le tour à archet, dont on se sert généralement, le foret est poussé en avant par un ressort spiral, force brute ;*

incapable d'être mesurée, et qui décroît au lieu d'augmenter en proportion de la résistance que le perforateur rencontre. Quant à l'évidement, M. Rigal observe que, *par ce procédé, le chirurgien inscrit un vide régulier dans un solide irrégulier ; que le premier trou ne passant pas à une égale distance de tous les points de la surface du calcul, il doit rester, en dehors de l'évideur, des parties épaisses, et qui, dans le cas de pierres irrégulières, produiront des fragmens aussi volumineux qu'après toute autre manœuvre.*

Quelqu'ingénieux que puissent être les évideurs proposés par MM. Leroy, Heurteloup, Amussat, Pechioli, et celui de M. Rigal lui-même, qu'il nomme foret à couteaux mobiles, il n'en est point qui soit entièrement à l'abri de cette objection.

Toutefois, dans l'esprit de M. Rigal, et tant que la lithotritie a été partagée entre les deux procédés que nous venons d'indiquer, les forets évideurs étaient sans contredit les instrumens les plus convenables. Leur utilité était si généralement sentie, que tous les chirurgiens qui dans ces dernières années se sont occupés spécialement de cette opération, se sont attachés à perfectionner ceux qui existaient déjà, ou à en créer de nouveaux.

Dans la troisième et dernière partie de son travail, M. Rigal expose le procédé particulier qu'il a imaginé, et décrit les instrumens qu'il a fait construire pour le mettre à exécution.

Attaquer la pierre de la circonférence au centre, l'user à-la-fois sur toute sa surface pour la diminuer ainsi peu-à-peu jusqu'à ce qu'elle fût réduite à un noyau assez petit pour être ramené au-dehors par l'instrument qui l'aurait ainsi détruite, telle fut la première pensée de l'auteur ; ce fut à-peu-près aussi celle de Meyrieu, qui la développa devant vous dans la séance du 6 avril 1827. M. Rigal donne une idée des imperfections attachées à l'appareil imaginé par ce jeune homme qu'une mort prématurée a enlevé à la science, et il fait connaître les moyens par lesquels il a lui même essayé de remplir cette indication.

Il conçut l'espoir de fixer le calcul d'une manière invariable sur le foret qui l'aurait percé, et de continuer ensuite à mettre le perforateur en mouvement pour forcer la pierre à s'user contre les branches de la pince. Alors fut créé le foret à chemise, instrument porté depuis par son auteur à une plus grande perfection, et sur lequel nous reviendrons bientôt. Il se compose d'une tige d'acier terminée à son extrémité agissante par un fer de lance, et reçue dans un tube d'acier fendu en plusieurs branches à l'extrémité vésicale. C'est cette pièce que M. Rigal nomme la chemise du foret. Ces deux portions de l'instrument sont combinées ensemble de manière à ce que la partie la plus large du fer de lance trace la voie à la chemise qui n'a pas d'effort à supporter tant que l'instrument pénètre dans le calcul. Dès qu'ils sont arrivés dans l'intérieur de la pierre, on n'a qu'à retirer à soi la tige du foret pour que la tête s'engage à la manière d'un coin entre les branches de la chemise et leur fournisse un point d'appui solide à l'intérieur, tandis que leur face extérieure arc-boute contre les parois du trou qu'on vient de percer ; ainsi le calcul ne forme qu'un seul corps avec le foret.

Pour mettre ce dernier en mouvement, percer le calcul et ramener ensuite la pierre contre les branches de la pince, destinées alors à devenir un grugeoir, M. Rigal créa un chevalet fort ingénieux dont la poupée mobile présente un véritable tour en l'air, et se promène d'avant en arrière ou d'arrière en avant, selon qu'on tourne dans un sens ou dans l'autre la clef d'un pignon, lequel s'engrène avec une crémaillère de la tige de support. Ce mécanisme fort simple est bien supérieur au ressort à boudin qui détermine le mouvement de translation du lithotriteur dans le chevalet ordinaire ; il donne au chirurgien la conscience de la force qu'il emploie pour percer le calcul, et permet de ramener au dehors du trou le détritus de la pierre, ce qui empêche le foret de s'empâter.

Bien que M. Rigal indique avec soin la conduite à tenir une fois que la pierre est emmanchée sur le foret et qu'il s'agit de la gruger, et toutes les précautions à prendre lorsque la pierre est inégale à sa surface ou que sa forme est irrégulière, il est aisé de voir que ce procédé est tout-à-fait inapplicable à l'égard des calculs plats et d'un gros volume, ou de calculs oblongs qu'on aurait saisis et perforés dans le milieu de leur grand diamètre. M. Rigal avait sans doute senti ces difficultés ; mais en faisant agir son instrument, il trouva ce qu'il n'avait pas cherché d'abord. Il vit que, sur un grand nombre de calculs vésicaux, à peine quelques-uns pouvaient être fixés sur les branches de la chemise, et que presque tous éclataient en fragmens aussitôt que la tête du foret, en séparant les branches de la chemise, exerçait un effort excentrique à l'intérieur du calcul. De ce fait à l'application il n'y avait qu'un pas. M. Rigal sentit aussitôt tous les avantages qu'offrait ce moyen pour réduire en très-peu de temps les pierres en fragmens. Il apprécie à toute sa valeur cette force centrifuge, et démontre sa supériorité sur la puissance qui tend à écraser la pierre en ramenant vers le centre les molécules lithiques comprimées en tous sens par la pince à trois branches.

Jusqu'ici le fer de lance du foret à chemise n'était retiré dans la gaîne d'acier que par la crémaillère du chevalet et la puissance du pignon. Pour accroître la force qui opère le retrait et l'empêcher d'agir par saccades, M. Rigal a fait adapter une vis de rappel à l'extrémité de sa tige. Une clavette jouant dans une fente du mécanisme empêche le foret de virer dans l'intérieur de la chemise sous l'action de l'écrou.

Une autre indication résultait de la nouvelle direction que M. Rigal donnait à ses recherches. La chemise, divisée en deux branches séparées par un fer de lance, ne faisait effort dans l'intérieur du calcul que sur deux points, et ne donnait que deux fragmens. Il a suffi de fendre la chemise en un plus grand nombre de branches pour se mettre dans des conditions meilleures ; mais c'est au nombre trois que M. Rigal s'est arrêté. Il a fait construire un foret à tête, dont la tige, terminée par une pyramide triangulaire, s'engage par chacun de ses angles dans un sillon pratiqué à l'intérieur des branches ; celles-ci travaillent à percer le calcul ; mais outre que leur renflement leur donne une grande solidité, la pyramide placée en avant leur sert de guide et de téton ; Le foret disposé de cette manière a toute l'efficacité possible. Ces arrangemens pris, les manœuvres suivantes deviennent la base du procédé de M. Rigal ; saisir la pierre, la perforer, la faire éclater ensuite par un mouvement d'expansion centrifuge imprimé à ses molécules ; saisir chaque fragment, le perforer s'il est gros, et le faire éclater à son tour ; tel est le procédé propre à M. Rigal, celui auquel il reconnaît le plus d'avantages et sur lequel il désire fixer l'attention de l'Académie.

Il résulte des essais tentés par ce chirurgien que des calculs de dix-huit lignes de diamètre ont été réduits en fragmens après une seule perforation ; qu'un calcul de huit lignes de diamètre peut être perforé et brisé en éclats en moins d'une minute. On peut établir en fait que chaque pierre se brisera ordinairement en deux, trois ou quatre pièces, suivant le nombre des branches de la chemise. Avec la chemise à tête et à trois branches on obtient presque constamment trois fragmens. Ces fragmens étant divisés à leur tour, les parcelles peuvent être comminuées, soit avec le perforateur dans l'intérieur de la pince, soit avec le brise-pierre.

Ce dernier instrument a subi d'importantes modifications de la part de M. Rigal dans l'application de la force destinée à écraser la pierre ou ses fragmens entre les mors dont il est armé. Cette force et la solidité de l'instrument sont telles, que des calculs entiers et des fragmens volumineux peuvent être écrasés en très-peu de temps. Les ressorts auxquels les mors sont fixés n'étant pas trempés, on ne saurait craindre de les casser; mais si pareil accident arrivait, ceux-ci sont disposés de manière qu'un fil de soie très-fort passant dans un trou percé à l'extrémité de chacun d'eux, et rentrant dans l'intérieur de la gaîne pour sortir par l'ouverture du syphon destiné à injecter le liquide, servirait à amener au-dehors le fragment du mors brisé. Le brise-pierre de M. Rigal peut prendre la courbure d'une sonde ordinaire. Il offre alors plus de facilité à l'opérateur pour l'introduire dans la vessie et saisir dans son bas-fond les petits calculs ou les calculs éclatés. Pour cela, après avoir introduit l'instrument, on le tourne de manière à ce que sa convexité soit en haut et sa concavité en bas.

Dans les cas où l'on se sert d'un *point fixe*, ou étau, pour soutenir les instrumens lithotriteurs, M. Rigal croit utile de remplacer l'archet par un vilebrequin à engrenage qui imprime sans secousse un mouvement continu de rotation aux divers perforateurs. Ce moteur a été, selon M. Rigal, adopté par M. Pravaz, auquel il l'a emprunté en le rendant propre à recevoir toute espèce de foret.

En résumé, parmi les instrumens que M. Rigal a soumis à l'examen de la Commission, les uns lui sont propres, les autres offrent des modifications, en général heureuses, de ceux dont on se servait déjà. Parmi les premiers nous rangerons

1°. Les sondes et bougies propres à redresser l'urèthre et à l'accoutumer graduellement à la présence d'un instrument droit.

2°. Le *foret à chemise*, ou *brise-pierre centrifuge*, qui fixe la pierre sur lui-même après l'avoir perforée, et permet de l'user contre les branches de la pince, ou, ce qui est beaucoup préférable, la fait éclater aussitôt en fragmens. C'est à cet instrument qu'est rattaché le procédé nouveau de M. Rigal.

3°. Le tour à crémaillère, destiné à soutenir les pinces et les perforateurs.

4°. A ces instrumens nous joindrons ce que M Rigal appelle le *lit pupitre*, sorte de boîte destinée à renfermer des porte-semelles mobiles ; l'étau ou point fixe, et plusieurs instrumens lithotriteurs. Cette boîte, qui a vingt pouces en carré et quatre en hauteur, peut être transformée en un lit qui s'adapte à la première table venue, et sur lequel le malade est très-convenablement placé.

Parmi les instrumens modifiés par M. Rigal, nous notons au premier rang le brise-pierre droit ou courbe. L'évideur, qu'il nomme à couteaux mobiles, est un instrument fort ingénieux dans sa construction, mais qui ne saurait être dans son application d'une fréquente utilité ; le vilebrequin à engrenage ; enfin une articulation en genou adaptée à l'extrémité du point fixe ou étau de M. Heurteloup ajoute à cet appareil un nouveau degré de commodité pour le malade et l'opérateur.

La Commission, après avoir examiné les instrumens du docteur Rigal et assisté aux essais de lithotritie qu'il a faits sur le cadavre, a reconnu : que son procédé offre l'avantage de réduire très-vite en éclats une pierre assez volumineuse ; que ces fragmens ne tardent pas eux-mêmes à être détruits et réduits en parcelles assez tenues pour que, sur le vivant, les contractions de la vessie puissent les chasser au-dehors. Le résultat de ces essais a justifié les préventions favorables que fait naître la vue des instrumens qu'il a imaginés. Ils remplissent parfaitement le but auquel il les destine. Quant à leur supériorité réelle sur tous les autres appareils, c'est une question trop difficile à résoudre, et qui exigerait de la part de vos Commissaires des travaux et des essais comparatifs auxquels on ne pourra se livrer de long-temps encore. M. Rigal promet de vous rendre compte de sa pratique, et la bonne foi empreinte dans son Mémoire, écrit avec une clarté et une méthode remarquables, vous est un sûr garant de la véracité de ses récits.

En conséquence, la Commission a l'honneur de vous proposer d'accueillir les travaux de M. Rigal, qu'elle croit dignes de vos eucouragemens, et de l'admettre au nombre des prétendans aux prix qu'elle décerne chaque année à ceux qui ont fait une découverte importante, ou perfectionné une partie de l'art de guérir.

Signé BOYER, SERRES, FLOURENS, MAGENDIE, DUMÉRIL, rapporteurs.

L'Académie adopte les conclusions de ce rapport.

Certifié conforme, le Secrétaire perpétuel, Conseiller-d'État, Grand-Officier de l'Ordre royal de la Légion-d'honneur,

Signé Baron CUVIER.

INTRODUCTION.

La Lithotritie, ou l'Art de détruire la pierre dans la vessie sans faire courir aux malades qui en sont atteints les chances de l'opération de la taille, est devenue le sujet des méditations de tous les chirurgiens attentifs aux progrès de la science, de tous ceux qui se font une loi d'apprécier à leur juste valeur les découvertes dont elle s'enrichit, de tous ceux enfin qui comptent au nombre de leurs devoirs celui de se mettre à même d'offrir à l'humanité toutes les ressources que nous possédons contre les maux qui l'assiégent. L'Institut de France en se déclarant le protecteur de cette méthode, en accordant d'honorables récompenses aux médecins qui prétendent à l'invention, et à ceux encore qui s'efforcent d'apporter aux procédés des premiers d'utiles perfectionnemens, l'Institut, disons-nous, a créé entre tous une émulation louable et qui doit

1

bientôt conduire cette branche de l'art au plus haut point qu'il lui soit donné d'atteindre.

Isolé au fond d'une province, nous avons depuis long-temps fixé notre attention sur l'objet des travaux de MM. Amussat, Leroy (d'Étioles), Civiale, Heurteloup, Meyrieu, et nous venons aujourd'hui exposer avec toute la clarté dont nous sommes capable le résultat de nos recherches.

Les appareils que nous allons décrire sont inventés depuis deux ans; depuis deux ans ils sont connus d'une foule de nos confrères, auxquels nous avons pris plaisir à communiquer nos idées; mais quoique nous adonnant aux arts mécaniques dans les loisirs que nous laissent les occupations d'une nombreuse clientèle, nous étions loin de posséder l'habileté nécessaire pour exécuter nos divers instrumens, et nous ne voulions pas qu'on pût élever des doutes sur la possibilité de les confectionner et de les mettre en action. D'un autre côté, il est bien difficile, pour ne pas dire impossible, de se faire entendre des ouvriers de Paris quand on se trouve à une aussi grande distance; il faudrait pour cela posséder le vocabulaire des ateliers, connaître parfaitement les termes technologiques, et savoir porter dans ses descriptions une exactitude et surtout une simplicité qui ne laissât pas de place à de fausses interprétations. Ce ne serait pas encore assez; le véritable artiste ne manque jamais d'occupation, et avec lui, comme avec tout le monde, *les absens ont tort*. Une partie de mes appareils fut confiée à un des plus habiles fabricans d'instrumens de gomme élastique; je lui adressai à-la-fois un modèle des sondes que je décrirai dans le cours de ce mémoire, et une note explicative; tout cela lui fut remis par mon compatriote le docteur Thomas; c'était en novembre 1827, et un mois ne s'est pas écoulé depuis que j'ai retiré des mains de l'ouvrier ces instrumens dont il n'avait pas daigné m'accuser la réception.

Après une semblable expérience comment pouvais-je espérer qu'on s'occuperait de mes autres inventions? Grâce au ciel! un de mes compatriotes, M. Chauchard, d'Albi, ancien élève de l'école d'Angers, mécanicien formé aux leçons de M. le baron Charles Dupin, autant que dans les meilleurs ateliers de Paris, a bien voulu me consacrer son temps. Durant près de huit mois il n'a cessé de travailler sous mes yeux, et je ne saurais louer assez son intelligence et son talent d'exécution. C'est par lui qu'ont été confectionnés la majeure partie de mes instrumens; les autres ont été fabriqués depuis mon arrivée à Paris, dans les ateliers de M. Charrière, connu déjà pour sa rare habileté.

Le travail qu'on va lire est divisé en trois parties.

Dans la première j'examine le cathétérisme rectiligne dans ses rapports avec la lithotritie, et j'expose ce que j'ai cru devoir imaginer pour le traitement préparatoire de cette opération.

La seconde est consacrée à l'examen abrégé des

divers procédés généraux employés jusqu'à ce jour pour détruire la pierre dans la vessie.

Je décris dans la dernière les instrumens que j'ai ajoutés à l'arsenal du chirurgien, ou les modifications que j'ai fait subir à ceux qu'il possédait déjà.

DE LA
DESTRUCTION MÉCANIQUE
DES CALCULS VÉSICAUX.

PREMIÈRE PARTIE.

Du Cathétérisme rectiligne.

Prouver la possibilité d'introduire dans la vessie, à travers le canal de l'urèthre, une sonde droite de gros calibre, c'est avoir créé, comme l'a dit M. Heurteloup, le premier élément de la lithotritie. On s'est longuement occupé depuis quelques années de savoir quels chirurgiens anciens ou modernes ont pratiqué le cathétérisme rectiligne, et, il faut en convenir, le but de tant de recherches fut moins le désir de dresser l'inventaire des trésors de la science que de se créer des armes contre des gloires rivales. Une seule réflexion suffit cependant pour laisser aux médecins de nos jours le mérite qui leur appartient, et cette réflexion bien simple, la voici : l'ignorance de la disposition anatomique du canal de l'urèthre et de sa courbure postéro-périnéale devait mettre une sonde droite aux mains des hommes qui dans l'antiquité essayèrent de faire couler l'urine à l'aide d'une canule métallique, lorsque ce liquide se trouvait retenu dans son réservoir, ou qui voulurent attaquer et extraire les calculs qui se forment dans la poche cystique; de la connaissance de cette courbure devait résulter pour les chirurgiens la nécessité d'imprimer une forme analogue à leurs algalies, de l'exagérer au point de donner naissance, comme dernière perfection, à la sonde en S, de Petit, et il n'appartenait qu'à une anatomie plus savante de ramener les gens de l'art à l'emploi du cathéter droit, en démontrant que l'incurvation de l'urèthre n'est pas tellement prononcée, tellement fixe, que ce canal ne pût être parcouru par une sonde rectiligne. Qu'on ne dise donc plus la sonde droite fut *inventée* par les anciens; elle leur fut indiquée par l'ignorance, et de ce qu'ils l'enfoncèrent dans la vessie de quelques malheureux, n'allons pas priver du fruit de leurs travaux les médecins qui enseignèrent à s'en servir sans faire courir aux malades des dangers réels, ou, tout au moins, sans occasioner des souffrances assez vives.

Ces inconvéniens n'ont pas encore entièrement disparu.

Quelque précaution que l'on prenne, peut-on empêcher l'extrémité vésicale d'une sonde droite de butter contre la paroi inférieure du canal de l'urèthre dans sa portion postéro-périnéale?... Ne doit-on pas de toute nécessité froisser plus ou moins le verumontanum? Ne court-on pas le risque de faire fausse route?... (1). N'existe-t-il pas des individus chez lesquels il est impossible d'introduire une sonde droite, soit à cause de la sensibilité excessive du canal de l'urèthre, dont on contrarie la disposition naturelle, soit à cause d'une courbure trop prononcée pour ne pas présenter un obstacle insurmontable (2)?

Ce sont des considérations de ce genre qui faisaient dire à Percy (p. 20 de son Rapport à l'Académie des sciences, sur les instrumens de M. Civiale) : *le premier pas à faire et peut-être le plus difficile, c'était de faire pénétrer une sonde droite dans l'urèthre et dans la vessie.* Ces considérations guidaient encore M. Velpeau, lorsque dans son *Anatomie chirurgicale* il affirme que si les instrumens lithotriteurs deviennent jamais d'une application générale, ce sera principalement chez la femme (3).

(1) Un fait d'observation pour moi, c'est que les chirurgiens qui passent pour les plus habiles à pratiquer le cathétérisme doivent leur réputation dans ce genre à la précaution instinctive ou raisonnée de recourber brusquement le bec de la sonde. Ce bec glisse alors sur la face supérieure de l'urèthre, bien plus résistante que l'autre, et ne rencontre ni lacunes où il puisse se trouver arrêté, ni aucun organe essentiel à respecter.

(2) J'ai cherché vainement à introduire la sonde droite sur un certain nombre de cadavres et quelques individus vivans. (Le Roy (d'Étioles), *Exposé des divers procédés propres à détruire la pierre dans la vessie, etc.*, pag. 5)

(3) Tom. II, pag. 356.

Rendre le cathétérisme rectiligne facile et surtout innocent chez tous les hommes, accoutumer le canal de l'urèthre à se laisser redresser comme il s'accoutume à la présence d'une algalie ordinaire, tel est le but que je me suis proposé, et auquel il me semble que je suis parvenu. Voici comment je fus amené à m'occuper de cet objet. M. Leroy rapporte (loc. cit., p. 180,) l'histoire d'un portier de la rue Saint-Lazare, chez lequel *la sonde courbe* pénétra avec la plus grande facilité et fit reconnaître la présence d'un calcul peu volumineux; «mais quand je voulus, dit-il, introduire la sonde » droite, il me fut impossible d'y parvenir, et » M. Pasquier, bien qu'il ait une grande habitude » du cathétérisme, ne fut pas plus heureux que moi. » Nous attribuâmes cette difficulté à l'état de spasme » du canal, et nous arrâtames une nouvelle réunion » pour le lendemain. Pensant bien, néanmoins, » que le spasme de l'urèthre ne s'opposait pas seul à » l'introduction de la sonde droite, et que la courbure un peu trop prononcée de ce canal pourrait » y contribuer, j'espérai la rendre plus facile au » moyen d'un conducteur. Pour cela je me procu- » rai une grosse canule de gomme élastique, dans » laquelle *la sonde droite passait avec aisance;* je » fis faire un mandrin courbe en fer, qui rem- » plissait exactement la canule et dont l'extrémité » arrondie formait un bec, dont je fis disparaître » entièrement les inégalités à l'aide d'un peu de » cire à mouler. Je me proposais d'introduire la

» grosse canule courbe, de retirer son mandrin,
» et de glisser la sonde droite à sa place. Ayant
» éprouvé autant d'obstacles que la veille pour l'in-
» troduction de celle-ci, je voulus faire usage de
» mon conducteur : *la grosse canule et son man-*
» *drin courbe pénétrèrent avec facilité ; mais lors-*
" *qu'après avoir retiré le mandrin, je tentai de*
» *faire glisser à sa place la sonde droite, j'éprou-*
» *vai une résistance invincible.* J'introduisis alors
» le doigt dans l'anus et reconnus l'existence d'un
» engorgement de la prostate, auquel était due la
» rétention d'urine, car l'effort que j'avais fait
» ayant déprimé cette glande, le malade urina
» sans sonde un moment après, ce qu'il n'avait pu
» faire depuis un an. »

En réfléchissant à la cause de l'insuccès de la
manœuvre si bien conçue de M. Leroy, je ne tardai pas à me l'expliquer. La canule de gomme
élastique avait imprimé une fixité plus considérable à la courbure de l'urèthre, et l'extrémité vésicale du mandrin droit venant frapper contre la
paroi inférieure du canal factice s'y trouvait ar-
rêtée par un obstacle insurmontable (1). Je fus

(1) Ce qui se passait ici doit inspirer quelques doutes sur l'histoire de
ce moine de Citeaux, rapportée par Hoin et citée par Percy, lequel
s'introduisait, dit-on, dans la vessie une sonde creuse et flexible, dans
laquelle il portait ensuite une longue tige d'acier droite pour briser un
calcul ou en détacher des parcelles.

Je suis porté à croire que ce moine a agi comme le colonel Martin,
qui se servait d'une sonde flexible courbe et d'un mandrin également
courbe, et taillé en lime sur sa convexité. (*Voy.* Percy, *Rapport cité,*
pag. 16.)

certain d'avoir trouvé le moyen de le vaincre en me servant de la sonde que je vais décrire.

Au lieu de bâtir mon algalie ou mes bougies sur un mandrin droit lisse et poli dans toute sa longueur, comme les ouvriers le pratiquent d'ordinaire, je veux que ce mandrin soit taraudé à celle de ses extrémités qui correspond au bec de la sonde, d'un pas de vis bien formé, et dans une étendue proportionnée à la portion courbe de l'urèthre (trois pouces et demi environ). Cela fait, un fil métallique bien recuit, et d'une grosseur convenable, est enroulé dans les écuelles de la vis. On forme ainsi un écrou flexible destiné à être recouvert par le tissu de la sonde et à faire corps avec ses parois. Le ressort spiral d'une bretelle donne une idée très-exacte de cette pièce.

Les propriétés de mon écrou sont les suivantes :

Il présente une canule dont le diamètre intérieur est égal à la grosseur du mandrin, moins la profondeur des écuelles de la vis.

Cette canule n'altère en rien la flexibilité de la sonde suivant sa longueur. En effet, au moment où vous introduirez dans sa cavité un mandrin courbe, chacune des hélices dont la canule ou le ressort spiral se compose, s'éloignera de l'hélice la plus voisine dans le sens de la convexité du mandrin, et se rapprochera de cette même hélice dans le sens de la concavité. Ces mouvemens partiels seront très-bornés, et cependant de leur somme il résultera une flexibilité très-grande du corps de l'instrument. On pourra donc varier à l'infini, et suivant l'exigence des cas, la courbure des sondes, en changeant celle du mandrin, comme cela se pratique tous les jours.

Supposons maintenant la sonde arrivée dans la vessie et se moulant sur la forme du canal de l'u-rèthre qui lui imprime ses courbures : si dans l'intérieur du tube j'introduis le mandrin droit taraudé, dès que le premier filet de l'écrou aura pris sur la vis, je rappellerai invinciblement les autres, car ils se seront éloignés très-peu de la direction normale, et ma sonde, de courbe qu'elle était, deviendra droite, *à l'insu*, pour ainsi dire, du canal de l'urèthre ; en effet, les rapports primitivement établis entre le canal excréteur et la surface externe de l'algalie ne changeront pas, il sera protégé par elle et son redressement deviendra insensible, puisque à chaque tour du mandrin je ne redresserai qu'une portion égale en longueur à la faible distance qui sépare un filet du suivant.

A l'extrémité vésicale du mandrin droit deux ou trois filets sont détruits, afin que cette portion de la tige glisse dans le tube spiral et serve de guide à la vis.

Pour rendre la marche du mandrin taraudé plus prompte, on pourrait employer des vis à double et même à triple filet. On enroulerait deux et trois fils métalliques, et cela ne changerait rien à la facilité de fabriquer la sonde, ni à son mécanisme. Remarquons cependant que si la vis avançait trop vite, on perdrait peut-être quelque chose de l'avantage qu'il y a à ne redresser le canal que peu-à-peu.

Les sondes destinées à évacuer les urines peuvent être ouvertes des deux bouts, ou percées d'un œil. Dans le premier cas, on doit donner à la vis quatre pouces de longueur, si l'écrou enfermé dans l'algalie n'en a que trois et demi. Cette disposition permet de faire saillir le mandrin de six lignes au-delà de l'algalie dans l'intérieur de la vessie, et de reconnaître la présence d'un calcul, par le son métallique que cette partie de la tige produit en frappant le corps étranger.

Lorsque je voulus m'assurer pour la première fois de l'utilité de ces instrumens, j'enfonçai de vive force dans une bougie creuse un mandrin droit recouvert de son écrou, et cette bougie a été portée dans la vessie de plusieurs malades et dans la mienne propre. Le redressement n'est ni difficile ni douloureux (1).

On pourrait se servir de cette sorte de stratagème, si l'on n'avait pas des sondes à vis dont le

______

(1) Cette sonde fut fabriquée ou plutôt arrangée par moi dans les ateliers de M. Cavalié, facteur d'orgues, alors résidant à Gaillac. C'était en avril 1827; je la fis connaître immédiatement à plusieurs de mes confrères.

Le 20 août 1827, je l'ai présentée à mon précieux ami, le professeur Viguerie, en présence des nombreux élèves qui suivent sa clinique à l'Hôtel-Dieu Saint-Jacques.

A cette même époque, et dans la même ville, j'en démontrai successivement le mécanisme à mes honorables confrères, les docteurs Ducasse fils, secrétaire-général de la Société de Médecine, et Auguste Larrey, digne successeur d'un nom bien cher à la chirurgie toulousaine.

mécanisme fût inhérent au tissu. Mes algalies sont très-difficiles à bien établir. L'artiste auquel je les dois est M. Saint-Martin, fabricant d'instrumens de gomme élastique, à Toulouse.

Au lieu de tarauder un mandrin plein, je ne désespère pas de faire bâtir la sonde sur une canule de métal, percée elle-même des deux bouts. Si le diamètre intérieur du mandrin canulé était suffisant, je pourrais en faire la gaîne d'un instrument lithotriteur, que j'introduirais alors sans peine dans les cas les plus difficiles et par la manœuvre que j'ai indiquée. C'est alors surtout qu'on devrait employer les vis à plusieurs filets très-fins, pour que la profondeur des écuelles ne forçât pas à donner une trop grande épaisseur aux parois de la canule. J'avais eu dès le principe l'idée que je viens d'émettre. Il est remarquable qu'elle soit venue dans l'esprit d'un malade de M. Leroy, sur lequel nous mettons en usage dans ce moment la sonde à vis pour combattre un engorgement de la prostate.

Avec elle on peut creuser une sorte de gouttière dans cet organe, et tracer la voie aux instrumens droits. Il ne faut souvent que quelques jours pour obtenir par cette dépression la cure de certaines rétentions d'urine dues à l'engorgement du corps prostatique, et qui en imposent pour une paralysie de la vessie. M. Leroy fera bientôt connaître dans un travail spécial plusieurs faits de ce genre (1).

(1) Le Mémoire de M. Leroy a été lu à l'Académie des Sciences le

Dans les cas où par une sorte d'élasticité le canal de l'urèthre reprendrait toute sa courbure dès
qu'on retirerait la sonde à vis, on devrait se servir
de celle-ci pour guider la gaîne d'un instrument
lithotriteur. Je possède pour cette circonstance une
pince qui, ne laissant pas d'olive à l'extrémité vésicale, peut sortir hors de la canule, et y rentrer
à volonté. Voici comment j'opérerais : une sonde
de gros volume, à laquelle j'aurais accoutumé peu-
à-peu le malade, serait portée et redressée dans sa
vessie. Après l'y avoir maintenue quelques minutes,
je la retirerais, et elle serait remplacée par une
nouvelle sonde à vis capable de laisser glisser sur
elle la gaîne du lithotriteur. La sonde n'aurait aucun bourrelet au pavillon, et son mandrin, prolongé
de deux fois sa longueur, servirait à conduire le nou-
vel instrument. Je n'ai pas besoin de décrire les
manœuvres subséquentes.

Cette idée d'allonger le mandrin pour remplacer
les unes par les autres des algalies ouvertes des deux
bouts, n'appartient ni à moi, ni à M. Leroy, qui
l'imagina pour traiter le malade dont j'ai déjà
parlé, ni à M. Pichauzel, auquel ce procédé valut
une couronne, que lui décerna en 1810 la Société
royale de Médecine de Bordeaux ; tant il est vrai
qu'on peut inventer des choses déjà inventées par
autrui, sans mériter d'autre reproche que celui
d'être venu après. On lit dans Bichat (*Traité des*

lundi 28 septembre 1829). Il a pour titre : *De l. Rétention d'urine causée
par l'engorgement de la glande prostate.*

maladies des voies urinaires, p. 310) le passage suivant, à propos des rétrécissemens de l'urèthre, traités par des sondes de gomme élastique d'un volume toujours croissant : « Si l'on craignait de rencontrer des difficultés à passer la seconde sonde, on pourrait obvier à cet inconvénient en se servant de sondes ouvertes aux deux bouts : on introduirait la première au moyen d'un stylet à bouton, et avant de la changer on la garnirait d'un *stylet long d'environ deux pieds*, que l'on enfoncerait de quelques lignes dans la vessie; puis on retirerait la sonde sur le stylet qu'on laisserait en place, et sur lequel on conduirait sans peine et avec sureté une nouvelle algalie. Desault a eu recours une fois à cet expédient, et il réussit si complètement, qu'il se proposait de faire construire des sondes avec lesquelles il pût le mettre souvent en usage. »

La sonde droite a pour effet de comprimer l'orifice des canaux éjaculateurs qu'elle a déjà froissés lors de son introduction; de là l'irritation qui s'étend de proche en proche aux vésicules séminales, aux canaux déférens et enfin à l'organe sécréteur de la semence; de là ces engorgemens du testicule que M. Civiale attribue plutôt à un simple frottement par l'exercice à pied, qu'à l'action directe des instrumens lithotriteurs. (*Voy. Hist. de la lithotritie*, p. 95.) Il est probable que l'usage de la sonde à vis, en émoussant la sensibilité du vérumontanum, rendrait moins fréquente cette inflammation testiculaire.

La théorie de cet accident se retrouve dans le mémoire du professeur Lallemand, de Montpellier, sur les blennorrhagies invétérées, traitées à l'aide de la cautérisation par le nitrate d'argent. Le caustique, en irritant le vérumontanum, produit les mêmes effets que la dilatation de l'urèthre ou son redressement. J'ai vu un engorgement du testicule survenir chez un enfant de quatre ans que j'avais opéré par le premier procédé de taille recto-vésicale, donné par M. Sanson, et dont j'avais voulu cautériser légèrement la plaie.

Quant à la nouveauté du mécanisme de mes sondes, quelques remarques deviennent nécessaires.

L'inflexibilité des sondes métalliques les rend trop gênantes pour que les chirurgiens n'aient pas songé de bonne heure à leur en substituer de souples. Van-Helmont qui blâme l'usage des premières, comme cruel et barbare, dit avoir pensé à en faire de cuir ; mais de judicieux critiques doutent que ce projet ait été mis à exécution. On en a fait ensuite avec un fil *d'argent aplati,* tourné en spirale, selon l'expression de Sabatier (1), ou pour parler le langage de M. Jourdan, avec une *lame* du même métal. On recouvrait les spirales d'une peau mince, artistement collée. Ces sondes paraissent dater de fort loin. Tolet en a vu à Paris dès l'année 1680. Quarante ans plus tard, en 1720, Roncalus les perfectionna, en les revêtant d'une

____

(1) *Médecine opérat.,* édit. de MM. Sanson et Bégin, tom. II, p. 364.

forte étoffe de soie collée avec un mélange de cire et de résine, et s'attribua l'invention entière. Enfin, Sabatier parle d'un chirurgien qui, à l'aide d'un procédé que je n'entreprendrai pas de décrire ici, fixait les spirales d'argent et bâtissait sa sonde d'une manière plus solide qu'on ne le faisait avant lui.

Ces cathéters ont disparu de la pratique depuis l'ingénieuse invention de l'orfèvre Bernard. Les sondes dites de gomme élastique sont composées, d'un tissu de lin ou de soie à mailles peu serrées, dont on habille un mandrin, et qu'on enduit d'huile de lin lithargyrée. Telles sont celles qu'on trouve dans le commerce. En 1813, M. Jourdan écrivait cependant : *(Dict. des Sciences Méd.,* tom. II, p. 364) « Pour les rendre moins suscep-
» tibles de s'aplatir, on a placé l'enduit par-
» dessus un fil de fer ou de laiton très-mince, *roulé*
» *en spirale*, ou disposé de manière à *faire un tissu*
» *à mailles peu serrées* et recouvert d'une étoffe de
» soie mince. Cette modification mérite la préfé-
» rence, et on ne se sert plus guère aujourd'hui
» que de sondes élastiques ainsi confectionnées. »

Malgré cette dernière assertion, je n'ai jamais vu de sondes à tissu ou à spirales métalliques. Le but clairement exprimé de cette disposition, est d'ailleurs aussi opposé à celui de la sonde à vis, que le *fil d'argent aplati* ou la *lame d'argent* avec lesquels on n'aurait certainement pas fait un écrou flexible.

M. Civiale dit *(loc. cit.,* p. 51) : « Il paraît que

les anciens avaient reconnu la possibilité *de re-*
dresser l'urèthre et d'y faire pénétrer des instru-
mens droits. Ce fait a été constaté par quelques
modernes. Il est bien démontré aujourd'hui que
quoique l'urèthre ne soit pas droit, comme on l'a
prétendu, *on peut effacer ses courbures et y in-*
troduire une sonde droite. »

Les mots soulignés dans ce passage présentent,
par rapport à l'état actuel de la science, des vices
de locution et des inexactitudes, qu'il est essentiel
de faire ressortir dans l'intérêt de la méthode que
je propose. Ainsi, jusqu'à présent, personne n'a-
vait imaginé de *redresser l'urèthre et d'y faire pé-*
nétrer des instrumens droits. Cette façon de s'exprimer, comme la suivante : *on peut effacer*
ses courbures (de l'urèthre) *et y introduire* une
sonde droite, semblent indiquer qu'on a reconnu
la nécessité et trouvé le moyen de redresser *d'abord*
le canal excréteur de l'urine, pour porter *ensuite*
dans la vessie les instrumens propres à comminuer
un calcul. Les anciens n'ont jamais songé à cela.
La fameuse sonde droite découverte dans les ruines
de Portici, les dessins du livre d'Albucasis, les
succès, au moins douteux, du grec Ammon, sur-
nommé Lithotomos, témoignent, si l'on veut, que
dans des temps reculés on avait établi la possibilité
d'arriver dans le réservoir de l'urine avec une sonde
droite, forçant le canal de l'urèthre à se mouler sur
sa forme à mesure qu'elle pénètre, au risque de
faire fausse route, mais rien de plus. Depuis 1729,

époque où Joseph Rameau préconisait l'algalie presque droite, jusqu'à nos jours, je ne trouve pas la moindre chose qui ressemble à l'idée que j'ai conçue. L'assertion de Lieutaud sur la facilité du cathétérisme rectiligne (1), les leçons de Lassus à cet égard, les démonstrations de Lassône, de Santerelli et du docteur bavarois Gruythuisen, enfin les beaux travaux de M. Amussat, auquel il restera l'honneur, vainement contesté, d'avoir ramené en France l'attention des chirurgiens sur l'idée-mère des procédés lithotriteurs, tout cela n'induit pas à écrire la phrase dont je relève l'impropriété. Pour parler juste il fallait dire : on avait reconnu la possibilité de redresser l'urèthre, *en y faisant pénétrer des instrumens droits.*

J'ai dû insister à cet égard. Moins on est riche, plus on doit s'attacher à conserver et défendre le peu qu'on a.

Mais que deviendra la sonde à vis, en présence des instrumens courbes du docteur Pravaz? L'idée qui a présidé à son invention ne justifie-t-elle pas les efforts de ce médecin?... n'est-elle pas désor-

(1) On a cité trop souvent et avec trop de complaisance ce passage de Lieutaud, depuis qu'il est question de lithotritie. Si l'on réfléchit, en effet, que ce médecin conseille l'emploi de la sonde droite dans le cas d'engorgement de la glande prostate, circonstance pathologique qui augmente beaucoup la courbure postéro-périnéale de l'urèthre, en même temps que le travail inflammatoire accroît la friabilité de la glande, on sera induit à penser que ce médecin arrivait à la vessie en labourant dans l'épaisseur des tissus. De tous les obstacles matériels à l'emploi du cathéter droit l'affection contre laquelle Lieutaud le propose est, sans contredit, le plus considérable.

mais un objet inutile?... Je ne saurais le penser. L'appareil du docteur Pravaz a une courbure uniforme d'une extrémité à l'autre, et cette courbure, qui fait partie d'un arc de cercle de dix-huit lignes de diamètre, est infiniment plus grande que celle de la portion postéro-périnéale de l'urèthre. Il en résulte que le bec ou l'olive de ce lithotriteur ira, comme la sonde droite, frapper contre la paroi inférieure du canal, et rencontrera, à peu de chose près, les mêmes obstacles que le cathétérisme rectiligne quand celui-ci devient peu aisé. En renonçant à la ligne droite, M. Pravaz s'est privé d'une foule de ressources, et s'est créé des difficultés de mécanisme dont lui seul peut-être pouvait triompher. Son foret brisé vire admirablement dans la pince, et ses articulations ont une solidité qui ne laisse rien à désirer. Ce foret, que je considère comme un petit chef-d'œuvre d'invention mécanique, se compose d'une série de pièces enchâssées les unes dans les autres par une mortaise et un tenon, mais de telle sorte que la série de ces assemblages trace une ligne spirale autour de la tige qui résulte de leur union. Cette tige très-flexible ne présente pas de *genou*, c'est-à-dire de changement brusque de lignes, quelque courbure qu'on lui donne. Par sa disposition les tenons et les mortaises ont seuls un effort à soutenir, et cet effort latéral se réduit à bien peu de chose, tant il se trouve décomposé. La dernière pièce, celle qui supporte la tête, a un pouce et demi de longueur. Cette combinai-

son condamne M. Pravaz à n'agir que par les perforations successives et le force à renoncer aux
forets à expansion. Pour percer des trous plus gros,
il a fait construire plusieurs fraises qui toutes se dé-
veloppent ou par le frottement ou par la pression
contre la pierre. Celle que je crois, avec lui, la
plus efficace, se compose de deux pièces ou disques
superposés. Le supérieur, mobile au-dessus de l'autre, joue autour d'un téton excentrique. Muni à sa
surface libre d'une série de rayons, dont le tran-
chant est dans le sens du mouvement de rotation,
ce disque se porte un peu en dehors de son soutien
dès qu'il commence à entamer la pierre, et l'on n'a
qu'à le faire tourner en sens inverse pour qu'il re-
prenne sa position première.

L'expérience jugera en dernier ressort; mais jusqu'à ce qu'elle ait prononcé, jusqu'à ce qu'il soit
démontré que la légère incurvation adoptée par
M. Pravaz offre des avantages capables de contre-
balancer tous les sacrifices qu'exige cette forme, je
croirai avoir fait quelque chose pour l'art et l'humanité en perfectionnant le cathétérisme rectiligne.

DEUXIÈME PARTIE.

Exposé critique et abrégé des divers procédés employés jusqu'à ce
jour pour le broiement de la pierre dans la vessie.

Une gaîne d'argent ouverte des deux bouts et
recevant dans son intérieur une pince formée par
un tube d'acier fendu à son extrémité vésicale en
plusieurs branches susceptibles de s'effacer en rentrant dans la canule conductrice, tel est le moyen
destiné à saisir la pierre et à l'isoler dans la vessie.
Le mécanisme de cet instrument, dont on retrouve
des indications dans nos anciens maîtres, reste à-
peu-près le même, soit qu'on augmente plus ou
moins le nombre des ressorts de la pince, soit qu'on
les trempe de façon à leur donner une expansion
considérable, soit enfin qu'on recourbe à divers
degrés les crochets qui les terminent.

C'est toujours dans l'intérieur du tube qui forme
la tige de la pince, que sont conduits contre la
pierre les divers agens mécaniques destinés à la
détruire.

Une discussion polémique fort vive s'est engagée
entre MM. Leroy (d'Étioles) et Civiale, pour savoir

auquel de ces deux médecins appartient l'adaptation du tire-balle d'Alphonse Ferry à l'art de broyer les calculs vésicaux. Dans l'état actuel de la science, il devient difficile d'écrire sur cette matière sans se prononcer en faveur de l'un de ces médecins. Il suffirait d'un mot échappé dans la discussion, pour que la question se trouvât résolue contre un des compétiteurs, et j'aime mieux exprimer franchement la conviction qui, à mes yeux, fait pencher la balance du côté de M. Leroy. Je donnerai, s'il le faut, les motifs de ce jugement, que je porte ici dans l'intérêt de l'histoire de la science, et sans autre mobile que la manifestation de la vérité.

La pierre étant saisie et isolée, deux procédés généraux sont mis en pratique pour la détruire mécaniquement.

Dans le premier, le chirurgien, après avoir percé un trou plus ou moins grand, lâche le calcul, le saisit dans un autre sens, le perfore de nouveau, et ainsi de suite jusqu'à ce qu'enfin le corps étranger se brise sous l'effort de la pince qui le presse.

Dans le second, on a pour but de ne plus se dessaisir de la pierre jusqu'à ce qu'elle soit réduite en fragment. Pour cela on cherche à évider le premier trou qu'on a percé, à creuser dans l'intérieur du calcul, à lui donner enfin, comme on le dit, la forme d'une coque plus ou moins friable.

Toujours c'est par l'action de la pince comprimant de la circonférence vers le centre, que s'opère le brisement en éclats.

Il reste ensuite à comminuer ceux-ci jusqu'au point de leur livrer issue par les voies naturelles.

Procédé des perforations successives.

Les perforations successives peuvent être faites avec un foret égal seulement en grosseur au diamètre intérieur du tube de la pince, et susceptible d'être retiré complètement au-dehors. C'est là ce qu'avait proposé d'abord M. Leroy (d'Étioles), qui donnait à l'extrémité agissante de son foret la forme d'une couronne de trépan.

M. Civiale conçut que la destruction serait d'autant plus prompte que les térébrations seraient faites à l'aide de forets plus volumineux, et il en grossit l'extrémité, qui prit alors la forme d'une boule coupée en deux par son diamètre transversal et hérissée de pointes.

Il résulte de cette disposition des avantages évidens et des inconvéniens non moins réels.

Le trou est plus considérable, son diamètre peut mesurer la grosseur de la gaine principale, mais pas au-delà. C'est même aller bien loin que de supposer qu'il puisse en être ainsi. Donnons en effet trois lignes et demie de diamètre à la canule extérieure de l'instrument; quand la tête du foret aura atteint cette dimension, il faudra l'habiller avec les branches de la pince, destinées alors à protéger le canal de l'urèthre au moment de l'introduction, et on arrivera à avoir, en avant de la canule, une olive de près de quatre lignes et demie. Certes, ce n'est pas exagérer que de porter à moins de demiligne l'épaisseur des branches. M. Civiale a proposé, il est vrai, de creuser sur les côtés de la tête de son foret des gouttières propres à loger les ressorts; mais cet effet ne peut avoir lieu qu'en partie, à cause de la convexité de ceux-ci, et dans mon calcul il me semble avoir tenu compte de cette modification.

Le même auteur a dit, qu'en donnant de l'excentricité à la tête de son foret il percerait des trous plus grands, et dans sa critique du rapport fait à l'Institut sur les perfectionnemens de M. le baron Heurteloup, ce médecin a avancé qu'il circonscrirait un cercle de six lignes (1).

Je crois à l'impossibilité d'obtenir un semblable résultat, tout faible qu'il est, avec un instrument de ce genre.

La fraise excentrique de M. Civiale devrait avoir quatre lignes et demie de grosseur. Elle représente un compas à trois pointes, dont la première, distante d'une ligne et demie de la pointe centrale, trace autour d'elle un cercle de trois lignes de diamètre, tandis que la sonde, éloignée du centre de

____

(1) *Revue Médicale*, cahier de juillet 1828, pag. 105.

trois lignes, forme un cercle dont le diamètre en mesure six.

Comment revêtir la tête de ce foret sans lui donner une grosseur effrayante?...

Supposons cependant qu'il soit introduit, et voyons ce qui va se passer au moment de son action.

Dès que la surface entière de la tête portera contre le calcul, le foret se trouvera dans le cas du compas à trois pointes, disposé comme je viens de l'établir et portant sur un plan horizontal. A peine aura-t-on cherché à imprimer à ce compas un mouvement de rotation, que, loin de circonscrire deux cercles autour de la pointe centrale, celle-ci et la plus rapprochée s'échapperont pour venir virer ensemble autour de la pointe la plus éloignée, devenue centre de mouvement, en raison de la plus grande résistance qu'elle éprouve. Cet effet ne pouvant avoir lieu pour le foret, dont la tige est engagée dans la canule de la pince, il en résultera ou qu'il s'arrétera, ou qu'il cassera, ou qu'il imprimera tout au moins des secousses violentes et répétées.

Outre les souffrances qui pourraient en résulter pour le malade, il est probable que la pierre fortement ébranlée s'échapperait souvent de la pince.

Dans ses nombreuses observations M. Civiale ne désigne aucun cas spécial où il se soit servi du foret ainsi modifié; c'est d'une manière vague et en quelque sorte spéculative qu'il en indique l'usage, et cette remarque n'est point la moindre preuve en faveur de la justesse de ma démonstration.

M. Charrière a diminué les inconvéniens que je viens de signaler, en prolongeant la pointe centrale de la fraise à laquelle ce téton sert de guide et de soutien.

Examinons maintenant à l'aide de quel appareil le foret est mis en mouvement et poussé à l'encontre du calcul.

Cet appareil consiste dans une sorte de tour d'horloger (1), dont la poupée fixe reçoit l'extrémité manuelle de la canule externe qui y est retenue à l'aide de deux languettes.

Une poulie brisée, nommée cuivrot par les ouvriers, est montée sur la portion de la tige du foret qui dépasse à l'extérieur l'extrémité manuelle de la pince, et cette poulie sert à loger la corde de l'archet qui imprime au perforateur un mouvement de rotation alternative. Quant au mouvement de translation contre la pierre, M. Civiale l'obtient par une boîte à pompe, placée à l'arrière d'une poupée glissant sur la tige carrée qui forme le support du tour. (*Voy*. dans le livre de M. Civiale, *de la Lithotritie*, la fig. xii, pl. 1ʳᵉ.) Le ressort spiral placé dans l'intérieur de cette boîte pousse en avant une broche, dont *la marche progressive et constante d'avant en arrière* se communique au foret, qui porte alors à l'extérieur contre la bro-

____

(1) Ce tour, que M. Civiale nomme *tour en l'air*, est réellement un tour à pointes.

che, et dans la vessie, contre le calcul qu'il va entamer.

Sans doute la force de ce ressort est grande, puisque M. Civiale l'évalue à un poids de dix livres (1). Je ferai à cet égard les remarques suivantes : 1°. Cette force brute est incapable d'être mesurée par le chirurgien, et proportionnée par lui au degré de friabilité de la pierre qu'il attaque. 2°. Elle décroît à mesure que le foret s'engage plus avant dans cette pierre et éprouve par conséquent plus de résistance : cela arrive au moment où un surcroît d'énergie serait nécessaire. 3°. Si l'opérateur veut tendre de nouveau le ressort, il est obligé, en premier lieu, d'arrêter la broche qui transmet l'effort au lithotriteur, en se servant pour cela de la vis placée à la partie supérieure de la poupée. Il doit ensuite éloigner celle-ci, après avoir desserré le lardon que comprime la vis inférieure ; repousser en arrière la broche dans l'intérieur de la boîte à pompe, et pour cela permettre d'abord le glissement, et l'empêcher dès que le boudin s'est raccourci par la pression. Il faut, en outre, que le chirurgien fasse de nouveau courir la poupée vers le foret, jusqu'à ce que la pointe de ce dernier porte dans le cône creusé à l'extrémité de la broche, et qu'il fixe enfin la poupée dans cette position. Alors, seulement, il peut, en rendant la liberté à la broche, profiter du surcroît

______

(1) *Revue Médicale*, cahier de juillet 1828, pag. 112.

de puissance qu'il vient de donner à son ressort.

Cela doit être fait ainsi. Il y aurait trop peu de sûreté à vouloir raccourcir la spirale en desserrant simplement la vis inférieure de la poupée pour la pousser en avant contre l'extrémité externe du lithotriteur, qui, portant alors dans la vessie contre la pierre, refoulerait le boudin par l'intermédiaire de la broche.

Même dans cette supposition, il y aurait perte réelle de temps et grande complication de manœuvres.

4°. La marche progressive et continue d'avant en arrière, imprimée par le ressort à la fraise, ne permet pas de la ramener pour dégorger le trou du détritus que l'on a produit. Tous les ouvriers savent cependant que de quelque perçoire qu'ils se servent, et sur quelque matière qu'ils opèrent, cette précaution est indispensable. Sans elle l'outil s'empâte, *s'engage*, comme ils le disent, casse ou ne pénètre qu'avec une extrême lenteur (1). J'insiste sur la nécessité de retirer de temps à autre le foret, parce que ce précepte n'a pas encore été posé d'une manière convenable.

Ici se fait vivement sentir encore la disposition vicieuse du foret armé de dents ; les intervalles qui séparent chacune d'elles sont peu-à-peu remplies par la matière qu'elles détachent ; la surface héris-

(1) On fait dans l'espace de *cinq minutes un trou* d'un pouce de profondeur quand la pierre est d'*une dureté moyenne*. (Civiale, *Revue Médicale*, juillet 1828, pag. 106.)

sée de pointes s'égalise et bientôt ne mord plus que faiblement (1). C'est dans le but de nettoyer le perforateur et de renouveller l'injection que M. Amussat se sert d'une fraise percée de quelques trous, et dont la tige est creuse.

On aura beau dire qu'on réussit avec le chevalet employé par M. Civiale. Je suis loin de le contester; il me suffit de démontrer que son appareil n'offre pas la combinaison la plus avantageuse des forces agissantes, et de faire entrevoir la possibilité d'obtenir des résultats plus décisifs et plus prompts.

Un avantage sur lequel on a beaucoup insisté, consiste dans la facilité que donne le foret à tête d'augmenter l'ouverture des branches de la pince au-delà de leur élasticité naturelle, et de les forcer à admettre des pierres d'un plus gros volume. Il suffit pour cela de retirer à soi l'extrémité externe du foret, dont la boule tronquée, portant alors dans le fond de l'entonnoir formé par les branches, en détermine l'écartement. Cet écartement n'est pas aussi considérable qu'on pourrait le croire au premier abord. Quoique volumineuse, la fraise s'engage trop avant dans l'intérieur du cône pour produire l'effet que recherche l'opérateur, du moins

(1) M. Bancal de Bordeaux a senti comme moi cet inconvénient, et il a cherché à l'éviter en disposant son perforateur de façon à ne pas retenir le détritus en avant. À mon passage à Bordeaux, le 21 juin, nous pûmes nous convaincre mutuellement de l'identité de nos vues; tant il est vrai que deux hommes doivent se rencontrer quand ils fixent leur attention sur le même objet. (*Voy.* l'ouvrage pratique que ce médecin vient de publier sur le *Manuel opératoire de la Lithotritie.*)

quand il se sert de pinces trempées. Sur celles qui ne le sont point, j'ai vu M. Leroy obtenir une grande dilatation avec fort peu de saillie hors de la gaîne. Ce chirurgien façonne alors la pince en la faisant sortir peu-à-peu, et en retirant fortement à lui le foret, au fur et à mesure qu'il pousse la pince en avant. Pour que cette manœuvre, que personne encore n'avait enseignée, ait tout le succès possible, M. Leroy a dû modifier la partie de la fraise qui se continue avec la tige, et la sienne offre un épaulement dont le pourtour est légèrement arrondi. On concevra sans peine l'utilité de cette disposition, sans laquelle le lithotriteur, trop exactement moulé sur le fond du cône, servirait mal à façonner les branches.

Un inconvénient majeur de la fraise est de compliquer le manuel opératoire en le rendant plus difficile. Si le lithotriteur est assez avancé dans l'entonnoir représenté par les branches, pour ne pas gêner le jeu de la pince, il occupe l'espace destiné à loger la pierre et empêche de la saisir; si, au contraire, la fraise est amenée vers le fond de la pince, elle s'oppose à ce qu'on forme les branches qui portent sur le foret, et font croire au chirurgien qu'il a chargé le calcul. De là résulte la nécessité de pousser le lithotriteur en avant, dans la même proportion où l'on retire la pince en arrière, double mouvement qui exige une grande habitude et qu'on évite en se servant d'un perforateur sans renflement à son extrémité agissante.

Pour écraser les fragmens et les réduire en poudre grossière, M. Civiale n'emploie aujourd'hui que la tête du lithotriteur, qu'il fait agir à la manière d'un pilon, contre les parcelles saisies par la pince à trois branches, qui fournit le point d'appui et représente alors une sorte de mortier.

Il a renoncé à l'emploi d'un brise-pierre décrit dans son Histoire de la Lithotritie. (*Voy*. Civiale, *de la Lithotritie*, p. 42.) Cet instrument paraît avoir une grande analogie avec le saxifrage proposé en mai 1822, par M. Amussat, et dont le brise-coque de M. Heurteloup offre une ingénieuse modification.

La raison de cette exclusion est la difficulté qu'il éprouvait, dit-il, à saisir convenablement le corps qu'on veut écraser.

Cette partie du manuel opératoire n'est applicable qu'à des fragmens produits par une série de térébrations, qui se seront rencontrées par des angles plus ou moins aigus. Le temps qu'il a fallu pour amener le premier effet ne doit-il pas établir une compensation avec la rapidité d'exécution des dernières manœuvres, quelque faciles qu'on les suppose.

M. Civiale répondra peut-être que mes objections tombent d'elles-mêmes, et que ses succès y répondent d'avance. Encore une fois, ces succès ne prouvent rien. Son appareil lui suffit, je le sais; suffirait-il à la majorité des chirurgiens? Lui-même n'agirait-il pas avec plus de promptitude et de sûreté avec des instrumens combinés d'une autre manière? Voilà le point essentiel de la question. C'est à dessein que j'omets de parler de tous les autres agens mécaniques gravés dans le livre de M. Civiale; il est convaincu lui-même de leur peu d'utilité, puisqu'il ne s'en sert jamais.

M. Leroy s'est occupé de briser d'une autre façon les parcelles de calcul, et nous a donné le dessin d'une pince à deux mors, dont l'explication se trouve à la page 154 de son livre. (*Voy.* pl. IV, fig. 13.) Ces mors, qui ne jouissent pas de la faculté de s'écarter, et qui la doivent à un ressort rivé sur l'un d'eux, sont articulés ensemble et avec une tige de fer par une charnière. La tige de fer, taraudée à son extrémité dans une étendue de deux pouces et demi, est engagée dans une gaîne renforcée à son extrémité vésicale par une virole d'acier. Un écrou, formé par une pièce de fer, tourne à l'extérieur sur la portion taraudée de la tige, jusqu'à ce qu'il vienne battre contre l'extrémité manuelle de la gaîne. Alors s'opère avec énergie le rappel du mors dans l'intérieur de la canule, et l'écrasement des fragmens saisis. Pour empêcher que la pince ne suive le mouvement de l'écrou, et ne tourne avec lui, deux goupilles, traversant la gaîne de part en part, jouent dans une fente de deux pouces de long, pratiquée sur la tige qui supporte les mors. Cette fente permet à l'instrument d'aller et venir dans la canule.

Malgré ce qu'il y a d'ingénieux dans cette disposition, elle laisse bien des choses à désirer. On ne peut point dégaîner la pince ; aucune boite à cuir ne s'oppose à l'écoulement des liquides injectés. L'action de faire descendre l'écrou quand un fragment est saisi, et de le remonter après qu'il est détruit, ce double mouvement, dis-je, entraîne des longueurs.

Remarquons, en outre, que le rappel est fait par un écrou qui porte contre l'extrémité externe de la canule. Les goupilles ne permettant plus à la tige de virer dans celle-ci, il en résulte que la vis tend à se casser, ou tout au moins à se tordre. M. Amussat a fait construire un saxifrage qui présente la même disposition ; son écrou a la forme d'un volant à trois branches. J'ai vu plusieurs modèles de cet instrument, et tous étaient plus ou moins faussés.

M. Leroy ne s'est pas dissimulé de telles imperfections, aussi a-t-il ajouté avec la bonne foi qui le caractérise : *cette pince à écraser les fragmens peut être quelquefois utile, cependant je préfère la pince à extraction décrite précédemment*, et dans laquelle il propose d'introduire un petit perforateur, pour réduire en gravier les morceaux de pierre trop volumineux pour être retirés par l'urèthre. Cette pince est, à peu de chose près, l'instrument principal sous de plus petites dimensions.

Second procédé ou *d'évidement.*

L'idée d'évider le premier trou percé dans l'intérieur d'un calcul appartient à M. Leroy. Aucune prétention rivale ne peut s'élever à cet égard ; l'Institut l'a jugé ainsi dans le rapport même à la suite duquel il décerne un prix de cinq mille francs à M. le baron Heurteloup pour les perfectionnemens introduits par lui dans la lithotritie.

La première remarque qui se présente à l'esprit touchant ce procédé, c'est qu'avec lui le chirurgien va inscrire un vide régulier dans un solide irrégulier, car la pierre est loin de présenter toujours une forme sphérique et telle qu'on l'a représentée quelquefois.

On conçoit que le trou ne traversant pas la pierre de façon à se trouver à une égale distance de tous les points de sa surface, il en résultera que l'instrument évideur produira, quelque forme qu'on lui donne, des *fenêtres* latérales dans les endroits les plus minces, tandis que des parties épaisses resteront en dehors de son action, et formeront des fragmens aussi considérables qu'après toute autre manœuvre.

Les fraises, les limes proposées en premier lieu, par M. Leroy, pour remplir l'indication qu'il a posée, manquent de solidité. Supportées par des ressorts qui en déterminent l'écartement, elles de vaient casser au moindre effort, et ne se dilataient pas d'ailleurs assez pour creuser des trous considérables. Il est facile de s'en convaincre par l'examen des dessins que M. Leroy a donnés de ces instrumens. (*Voy*. dans son livre les fig. 6 et 7 de la planche III, et les fig. 9 et 10 de la planche IV.)

J'ignore à quelle époque M. Amussat a proposé ses fraises doubles. Elles ont une grande analogie avec les lithotriteurs représentés dans les livres de M. Civiale (pl. III, fig. 7 et 8) ; mais une différence notable consiste dans le but que les deux praticiens s'efforcent d'atteindre. Ainsi M. Civiale ouvrait ses lithotriteurs avec un T mobile ou un coin, pour percer d'avan t en arrière des trous plus gros, et M. Amussat dilatait ses fraises au centre du calcul, à l'aide d'un bouton intérieur ou d'une sorte de potence, afin d'évider la pierre. C'est pour cela que des arêtes tranchantes sont disposées sur le pourtour de la fraise.

Plus solides que les limes à ressort de M. Leroy, les évideurs de M. Amussat ne tiennent point tout ce qu'ils semblent promettre. L'écartement des deux portions de la tête ne peut avoir lieu sans que les branches de la tige ne se trouvent séparées au loin dans l'intérieur de la pince, et le mouvement de rotation du foret en devient gêné, si non impossible. Le mécanisme renfermé dans l'extrémité agissante oblige à la grossir beaucoup, et le corps de l'instrument acquiert ainsi des dimensions parfois effrayantes.

Appelé maintenant à discuter la valeur des instrumens de M. Heurteloup, je me verrais réduit à
marcher pour ainsi dire à tâtons, si depuis mon
arrivée à Paris je n'avais tout fait pour connaître
les diverses pièces de son appareil. Il n'est encore
décrit nulle part avec les détails convenables, et je
ne crois pas qu'il en existe dans la science d'autre
trace que le rapport lu à l'Institut par M. Magendie, dans la séance du lundi 26 mai 1828.

On y voit que « *M. Heurteloup perce la pierre
de part en part;* puis inclinant au moyen d'une
vis de rappel le bout du perforateur, il agrandit le
premier trajet, et finit par évider tellement la
pierre, qu'elle *devient une véritable coque* qui se
brise alors avec la plus grande facilité, sous la simple pression des branches de la pince ou par l'effort de l'évideur. »

Mais, d'abord, le bout seul étant susceptible de
s'incliner est la seule partie qui racle et détruise la
pierre. De là, lenteur dans l'opération.

Ce bout perd sa solidité en proportion du degré
d'excentricité qu'on lui donne. Si les ouvertures
latérales dont j'ai déjà parlé se forment, et que le
chirurgien augmente un peu trop brusquement
l'inclinaison de la pointe du foret, elle peut s'engager dans une de ces ouvertures, et dès-lors elle
cassera ou le perforateur devra s'arrêter.

Il faut promener cette pointe d'avant en arrière
pour agrandir le trou. Comment cela se fait-il?

Peut-on donner un mouvement de va-et-vient à

l'évideur au moment où on le fait virer?... Est-on réduit, au contraire, à agrandir d'abord le point le plus rapproché, en traçant dans l'intérieur du trou des cercles de plus en plus grands; à ramener ensuite le mandrin à sa forme première pour recommencer le même travail que précédemment sur un nouveau point, et à agir de la sorte jusqu'à ce qu'on ait parcouru tout le trajet du perforateur?

Une autre difficulté se présente :

Outre que pour former une véritable coque le calcul devrait être sphérique, il faudrait en connaître d'avance les dimensions, car aux deux extrémités de l'axe parcouru par la première térébration le chirurgien devrait excentrer fort peu l'extrémité agissante du foret, et augmenter d'autant plus son inclinaison qu'il se rapprocherait davantage de la ligne perpendiculaire à cet axe.

Je puis me tromper; mais ces objections s'appliquent aux termes du rapport, et témoignent de la difficulté d'exécution qui semble attachée au procédé qu'il indique.

« On peut attaquer et broyer en quelques instans des pierres d'un volume considérable. »

Le rapporteur ne nous apprend pas cependant à quel degré d'excentricité peut être amenée la pointe du perforateur, et nous laisse dans l'impossibilité de juger de quel périmètre seraient les plus fortes pierres susceptibles d'être réduites par lui à la *forme d'une coque.*

Jaloux de conduire à sa perfection un procédé

inventé par lui, mais jusques-là fructifié par un autre, M. Leroy a fait construire un évideur à tête, doué d'une grande solidité et d'une efficacité réelle. Cet instrument, avec lequel M. Leroy obtient tous les jours de nouveaux succès, se compose d'une tige creuse terminée par une fraise également vide dans son intérieur, et sur les côtés de laquelle on a pratiqué deux mortaises. La partie dilatable est une sorte de fourche engaînée dans la canule du foret et terminée par des plaques armées de dents. Ces plaques, dont l'extrémité antérieure a une direction oblique, s'enchâssent dans les mortaises latérales, d'où elles sortent quand on pousse en avant le prolongement extérieur de la fourche. On voit que de la sorte la dilatation s'opère par la portion de la tête qui dépasse les mortaises et agit à la manière d'un coin pour séparer les plaques et les forcer à saillir. Un mécanisme adapté sur l'évideur sert à le faire passer par tous les points intermédiaires, entre le plus petit et le plus grand diamètre.

Ce résultat peut être obtenu par différens moyens qui conservent entr'eux beaucoup d'analogie. Je l'avais déjà cherché pour dilater mon *foret à couteaux mobiles*, instrument exécuté long-temps avant l'annonce des derniers travaux de M. Leroy.

Lorsque ce chirurgien se sert de l'évideur à tête, il perce d'abord un premier trou avec l'instrument fermé, retire le foret en avant de la pierre, rentre dans celle-ci après avoir grosssi la fraise, et alors seulement *évide* autant que ses palettes le permettent (*dix à onze lignes*). (1)

M. Leroy possède dans son arsenal un autre foret qu'il nomme évideur simple, parce qu'il ne s'excentre que d'un seul côté.

Je n'entrerai pas dans de plus grands détails sur les manœuvres qui se rattachent à ces instrumens ; elles seront décrites par l'auteur, qui ne tardera pas à faire connaître les avantages qu'il y trouve, et les résultats pratiques qu'il leur doit.

M. le docteur italien Pechioli s'est aussi occupé de rendre plus sûr et plus prompt l'évidement des calculs vésicaux. Deux forets ont été imaginés par lui : l'un se retire au dehors de la pince, l'autre est armé d'une tête. Ces instrumens, exécutés par M. Charrière, possèdent une solidité remarquable et sont construits sur le même principe. Ils représentent à l'œil l'évideur de M. Heurteloup, avec une modification telle, que l'extrémité du foret se divise en deux parties : la première sert de téton et de guide, tandis que la seconde s'écarte pour évider.

Quoique susceptible d'une grande résistance, le foret sans tête de M. Pechioli a l'inconvénient de ne gratter que par l'extrémité de la portion qui s'excentre. Ce défaut se retrouve bien aussi dans sa

______

(1) L'évideur à tête, de M. Leroy, a été fabriqué par M. Henri Grelling, mécanicien.

fraise, mais l'épaisseur des parties articulées est telle, qu'aucune brisure n'est possible, et cet instrument peut rendre de grands services quand on se décide à employer le procédé auquel il s'applique.

Quelque évideur qu'on ait mis en usage, la coque se brise enfin, et reste l'issue des fragmens de calcul trop gros pour sortir d'eux-mêmes avec l'urine. Ces fragmens, plus ou moins concaves, ont besoin d'être saisis sur le *plat*, et de telle sorte que la *voûte* soit écrasée par la pression des mors du brise-coque. On a attaché, ce me semble, trop d'importance à la forme concave des parcelles. Cette disposition avantageuse disparaît en proportion de l'épaisseur des différens points de la coque, et je crois avoir démontré que cette épaisseur peut être considérable dans le cas de calculs irréguliers, incontestablement plus communs que les autres.

Ce n'est pas tout d'ailleurs que de briser la coque; le but final est d'obtenir l'expulsion des fragmens, et plus ils seront plats et minces, plus leur sortie deviendra difficile; on sent de prime-abord, que si des parcelles plates s'engagent de champ dans le canal de l'urèthre, elles ne sauraient cheminer fort loin dans cette position, et dès qu'elles ont une face en haut et l'autre en bas, le bord postérieur fend le flot du liquide, qui ne les pousse plus avec énergie.

Le mécanisme du brise-coque n'est pas assez clairement expliqué dans le rapport déjà cité, pour que j'aie pu me livrer à l'examen de son mode d'action. J'y reviendrai peut-être un jour, quand M. Heurteloup, qui pratique en ce moment la lithotritie en Angleterre, aura publié lui-même ses instrumens.

Alors, comme aujourd'hui, j'espère que ce médecin reconnaîtra, avec ceux de mes confrères dont j'ai pu critiquer les appareils ou les manœuvres, la pureté de mes intentions, et qu'ils m'accorderont tous, en démontrant peut-être à leur tour les vices des procédés que je vais décrire, une estime dont je croirais avoir le droit d'être fier.

TROISIÈME PARTIE.

Exposé de mes procédés.

Frappé des inconvéniens que j'entrevoyais dans les deux procédés généraux de lithotritie, et surtout effrayé par la crainte de laisser dans la vessie des fragmens capables de reproduire le calcul, la première question que je me fis en arrêtant ma pensée sur le broiement de la pierre, fut la suivante :

Ne serait-il pas possible d'attaquer la pierre de l'extérieur à l'intérieur, de la gratter à-la-fois sur toute sa surface pour la réduire en poussière, et de la diminuer ainsi dans toutes ses dimensions jusqu'au point où il ne resterait qu'un noyau assez petit pour être amené au dehors par l'instrument qui aurait travaillé à sa destruction?

Tandis que je m'occupais de résoudre ce problème, et que la théorie me disait que j'y étais parvenu, une indication à-peu-près semblable guidait Meyrieu dans ses recherches. Plus à portée de prendre date de ses inventions, ce jeune médecin, dont la science déplore la perte prématurée, posa en principe dans la séance de l'Institut, du 16 mars 1827 : *Qu'on ne fera rien de bon en lithotritie, tant que l'on attaquera le calcul du centre à la circonférence, comme on le fait généralement, au lieu de l'attaquer de la circonférence vers le centre* (1).

Les instrumens proposés par Meyrieu sont fort ingénieux. Toutefois ils ont été l'objet de justes reproches.

Le mécanisme de sa pince, qu'il nomme lithodrassique, ne permet point de faire entrer le calcul dans son intérieur autrement que par la base du cône que cette pince représente.

Il faut une saillie considérable de la pince hors de la gaîne, pour obtenir un écartement médiocre des branches.

Le diamètre antéro-postérieur de la vessie étant fort court, comment parviendra-t-on à déployer la pince en avant du calcul, car c'est toujours d'avant en arrière qu'il faut le charger avec cet instrument, et ne sera-t-il pas très-difficile de le lâcher au moment de suspendre l'opération ?...

Enfin le *lithorimeur* n'attaque qu'un point de la circonférence de la pierre, qui doit changer de position dans l'intérieur de la pince, pour présenter un nouveau point de sa surface à l'action du foret et de ses limes latérales.

On conçoit combien de manœuvres inutiles il

____

(1) *R. v. Méd.*, cahier d'avril 1827, pag. 131 à 135.

faudrait faire, chaque fois qu'on voudrait revirer ainsi le calcul, dans la prison véritable où Meyrieu l'enfermait. Il n'est cependant pas d'obstacles insurmontables, et le temps n'est pas éloigné où M. le docteur Tanchou fera connaître les modifications heureuses que le système Meyrieu a subies entre ses mains. Je dois à l'obligeance de ce confrère d'avoir une idée exacte du jeu de ses instrumens. Il tarde à mon impatience de voir réaliser les espérances qu'il est en droit de former, et que partage avec lui le professeur Récamier, dont le génie inventif s'applique en ce moment à l'objet spécial de nos recherches.

Après beaucoup de combinaisons, dont je ne retracerai pas ici l'ordre de succession, je me trouvais conduit aux idées suivantes :

N'est-il pas vrai, me disais-je, que si l'on parvenait à fixer solidement la pierre sur le foret qui l'aurait percée, on pourrait continuer de mettre celui-ci en mouvement, et forcer le calcul à s'user par le frottement contre les branches de la pince, à laquelle l'opérateur donnerait assez de lâche pour favoriser la rotation du corps qu'il chercherait à détruire?... La pince fournirait d'abord le moyen de saisir le calcul, et deviendrait une sorte de grugeoir dans le second temps de l'opération. Je ne tardai pas à remarquer que cette pince étant formée par un tube cylindrique scié en trois branches, chacune d'elles devait porter dans sa face interne et vers ses bords deux arêtes saillantes; je n'avais donc rien à changer sous ce rapport, et je trouvais de suite six angles aigus parcourant toute la longueur des branches et aussi inoffensifs pour la vessie que bien disposés pour racler la pierre ramenée contr'eux.

Je me plais à l'avouer, la vue d'une pierre emmanchée sur le crochet que M. Leroy destinait à forcer le calcul à présenter un autre point de sa surface, et qui se trouve dessiné dans son livre (pl. II, fig. 19), cette vue, dis-je, m'avait donné l'idée de chercher une disposition semblable, mais douée d'une plus grande efficacité.

Il fallut songer à grossir le diamètre du foret après qu'il aurait opéré la première térébration, et à le laisser caché dans l'intérieur du calcul. Alors fut créé l'instrument qu'on voit représenté Pl. I, fig. 4.

Une tige d'acier, terminée par un fer de lance, est habillée par un tube formé de la même matière et fendu en plusieurs branches vers l'extrémité vésicale.

Je nomme cette dernière pièce la chemise du foret. Elle est combinée avec celui-ci de telle sorte que le point le plus élargi du fer de lance lui trace la voie, et que cette chemise n'a pas le moindre effort à supporter, tant que le foret pénètre dans le calcul.

Arrivés ensemble dans l'intérieur de la pierre, on n'a qu'à retirer à soi la tige du foret pour que sa tête s'engage dans la chemise, en ouvre les branches à la manière d'un coin, et leur fournisse un point d'appui solide à l'intérieur, tandis que leur face externe arc-boute contre les parois du trou qu'on vient de percer. Une vis de pression traversant la boite à cuir fixée sur l'extrémité externe de la chemise, vient mordre sur la tige du foret et retient l'appareil dans la position où le chirurgien l'a placé.

Ainsi la pierre ne forme qu'un seul corps avec le foret.

Malgré la solidité que cette disposition présente, je devais craindre que dans le second temps de l'opération le calcul n'eût plus de propension à virer sur l'extrémité du foret qu'à s'user contre les branches de la pince. Je remédiai à cet inconvénient en formant deux plans inclinés sur la face externe des branches de la chemise. L'angle qui les réunit est taillé en lime.

En ramenant le foret d'une petite quantité, tandis que la pince embrasse encore le calcul, on peut promener d'avant en arrière la chemise légèrement ouverte; on pratique ainsi deux sillons dans l'intérieur du trou, qui devient bientôt *méplat*, et quand ensuite on retire le foret avec force, la pierre se trouve fixée sur lui de manière à suivre tous ses mouvemens.

Les imperfections du tour employé par M. Civiale m'étaient connues ; il ne pouvait me servir d'ailleurs dans le second temps de l'opération. Un ressort à boudin placé en sens inverse du premier, c'est-à-dire rappelant d'arrière en avant, aurait appliqué le calcul contre les branches de la pince ; les inégalités du corps étranger se seraient engagées entre elles, et la rotation serait devenue impossible.

J'avais besoin d'un mécanisme qui me permît, dans le second temps de l'opération, de ne faire frotter contre les arêtes que les parties les plus saillantes, et successivement toute la surface du calcul. Arrivée à ce point, la destruction devrait être facile et ne communiquer aucun dardillement aux branches de la pince. Les tourneurs savent en effet qu'après avoir attaqué avec précaution une pièce irrégulière, la gouge mord dessus avec une merveilleuse facilité, quand une fois *elle est au rond*.

C'est dans le but d'obtenir ces avantages dans la lithotritie, que j'imaginai le tour qu'on voit représenté pl. I, fig. 1, et pour l'entente parfaite duquel il faut lire l'explication de la planche.

Ce que ce tour offre de plus remarquable est dans les dispositions suivantes :

La tige carrée sur laquelle glisse la poupée mobile, est fendue d'une mortaise dont le côté supérieur est taillé en crémaillère.

La poupée constitue un véritable tour en l'air. On imprime à son arbre un mouvement de rotation par un archet placé sur la poulie, ou une manivelle adaptée à la queue de cet arbre, selon qu'on désire obtenir une action continue ou alternative du foret.

L'extrémité externe de celui-ci est reçue dans une boite de l'arbre, et s'y trouve maintenue par une vis de pression. Un enfourchement dont le foret se trouve muni, reçoit à son tour une goupille rivée dans l'intérieur de la boîte, et qui force le foret à obéir au mouvement que l'arbre lui imprime.

Je n'ai plus besoin dès-lors de monter un cuivrot sur chaque foret, la même poulie les met tous en action.

Le mouvement de translation de la poupée sur la tige, et par conséquent du foret contre la pierre, est déterminé par un pignon jouant dans des coussinets fixés à la poupée, et qui s'engrène avec les dents de la crémaillère taillée dans la mortaise de la tige carrée que ce pignon traverse. On fait avancer ou reculer la poupée mobile selon qu'on tourne dans un sens ou dans l'autre la clef du pignon. Ce mécanisme fort simple donne au chirurgien conscience de l'effort qu'il emploie pour percer le calcul; il peut retirer le foret à lui et dégorger le trou aussi souvent que cela devient nécessaire; un instant suffit pour cette manœuvre, et l'appareil est si efficace sous ce rapport, qu'en une ou deux minutes je parcours un trajet d'un pouce dans des pierres vésicales assez dures. On n'a pas à redouter d'atteindre la vessie quand le foret a transpercé le calcul; si l'on désire obtenir ce résultat, la main qui fait marcher le pignon avertit aussitôt du défaut de résistance, et l'engrenage fournit à-la-fois une force énergique pour pousser le foret contre le calcul, et une barrière à l'échappement de l'outil.

Lorsque la pierre percée est emmanchée sur le foret et qu'il s'agit de la *gruger*, le chirurgien doit : 1°. donner du lâche à la pince en desserrant la vis qui fixe son tube dans la gaîne, et retirer cette dernière jusqu'à ce que les branches destinées désormais à servir de grugeoir permettent la rotation de la pierre dans leur intérieur; 2°. l'opérateur saisit alors de nouveau d'une main la clef du pignon, tandis que de l'autre il fait jouer l'archet ou la manivelle; il ramène peu-à-peu de la sorte la pierre contre les lignes saillantes des branches de la pince, n'attaque d'abord peut-être qu'une seule aspérité, puis deux, puis trois, puis toutes, enfin. Pendant cette manœuvre la sensibilité de l'engrenage lui permet d'opérer avec une certitude égale à celle du tourneur dégrossissant une pièce inégale, et portant son outil de manière à conduire cette pièce *au rond* sans secousse. Ce résultat obtenu on n'a presque plus de précautions à prendre; le calcul réduit à une forme régulière est détruit avec une merveilleuse facilité, et dans une seule séance, s'il n'est point trop volumineux. Il ne reste dans la vessie qu'une poudre très-fine, et qui sort, entraînée par la première injection ou les urines.

Cela posé, un pas me restait à faire. Le calcul en effet peut se trouver trop gros pour qu'on le pulvérise dans une seule séance; la sensibilité du malade peut forcer à en abréger la durée. Comment espérer que dans une seconde tentative la pierre sera saisie et replacée sur le foret dans la même

position que précédemment?... Cela est cependant
nécessaire, car je donne à toutes les pierres une
forme ovoïde, et si dans le procédé des perforations
successives on regarde comme un avantage de ne
pas retomber dans le même trou, c'eût été pour
moi un grave inconvénient de ne pas le faire. Sup-
posez la pierre embrassée par la pince et perforée
dans un nouveau sens, je perdrai d'abord tout le
temps employé à cette première partie de l'opération, et ensuite tout celui qu'il faudra pour détruire les deux extrémités de l'ellipse et retrouver
le rond. Il arrivera même que ces extrémités de
l'ellipse s'engageront entre les branches de la pince
et s'opposeront à toute espèce de rotation.

J'échappai à ce danger par une série de moyens
plus ou moins efficaces, et j'arrêtai nettement dans
mon esprit la partie du manuel opératoire qui se
rattache à cette nouvelle indication, plus facile à
remplir qu'on ne l'imaginerait d'abord. Je ne retracerai pas tout cela ici, parce que les premiers
essais faits sur table avec mes instrumens m'ont
amené à des résultats inattendus et changé mes
vues sous beaucoup de rapports. Néanmoins j'ai
cru devoir entrer dans quelques détails sur un
procédé que personne encore n'avait entrevu, que
je suis loin d'abandonner, et dont l'exposition peut
éveiller des idées mécaniques utiles. On n'arrive que
bien lentement à a perfection, et l'histoire de nos
conceptions est un tribut que nous devons à la
science. Elle sait profiter de tout, même des er-

reurs. On me pardonnera, je l'espère, le ton entièrement affirmatif que je n'ai pas craint de prendre dans cette circonstance; sans un artifice semblable mon style serait embarrassé d'une foule de
périphrases toujours nuisibles à la clarté didactique.

Le mot Pierre produit sur l'esprit des malades
qui en sont atteints et des gens du monde une
illusion dont les lithotomistes eux-mêmes ont peine
à se défendre. Cette expression réveille, dès qu'on
la prononce, l'idée d'un corps fort dur; j'allais
presque dire d'un caillou. Les calculs vésicaux
sont heureusement loin de présenter dans leurs
molécules, à de très-rares exceptions près, cette
force de cohésion que leur nom vulgaire représente, et je ne tardai pas à m'apercevoir que j'a-
vais un peu cédé à l'erreur qui naît de l'homony-
mie, quand j'avais espéré pouvoir emmancher la
pierre sur mon foret, sans songer que je courais le
risque de la briser en éclats. Cet effet est le plus
constant; sur cinquante et quelques calculs com-
posant les débris de la collection de mon père et
la mienne propre, à peine s'en est-il trouvé quelques-uns qui ont pu être fixés sur le foret, et réduits en poussière par le frottement contre la pince.
J'ai vu tous les autres, et même de très-volumi-
neux, se résoudre en pièces plus ou moins grandes;
et ce qui semble singulier au premier aspect, cela
arrivait avec une facilité proportionnée à la dureté
du corps que je cherchais à comminuer. J'expli-
querai bientôt ce phénomène.

Ainsi s'ouvrait devant moi une carrière nouvelle.
Mon premier procédé devenait trop rarement applicable pour que je dusse songer à le proposer comme
méthode générale ; ce que la pratique mettait sous
mes yeux réduisait à peu de chose les promesses de
la théorie ; j'étais forcé de considérer presque
comme la pierre philosophale en lithotritie, l'espoir de ne pas produire des fragmens ; mais par
une sorte de compensation, que mon compatriote
M. Azaïs ne refuserait pas d'admettre, je brisais
les calculs vésicaux avec une promptitude et une
facilité qu'on ne retrouve dans aucun autre appareil instrumental.

Cela se conçoit sans peine.

Quand on agit par les perforations successives,
la pierre se brise sous l'effort de la pince qui comprime le calcul. Les branches de cette pince amin-
cies pour faire ressort, ne possèdent que peu d'é-
nergie, et *tendent à ramener vers le centre les
molécules de la pierre qui se prêtent un mutuel
appui.* Cet appui ne cesse que lorsque des vides
nombreux produits par l'action du foret empé-
chent les forces agissantes qui résultent de l'élasticité des trois ressorts de se faire équilibre, et que
la pression de l'un d'eux ou de plusieurs porte à
faux.

La même raison s'oppose au brisement de la
coque. Elle représente en effet une voûte, si le calcul a une forme sphérique, et ne s'écrase avec facilité qu'autant qu'il résulte de l'action de l'évi-

deur des parois plus faibles dans certains points et même percées latéralement par lui. Remarquons en passant que cette circonstance favorable à la réduction du calcul en parcelles est dangereuse quant à l'action du foret, dont la pointe, comme je l'ai déjà dit, peut s'engager dans une des fenêtres latérales, s'arrêter ou casser.

A l'inverse des branches de la pince, le foret à chemise tend à éclater la pierre par une force agissant du centre à la circonférence. Dans ce cas, loin de se prêter secours pour résister à cette force les molécules éprouvent une véritable disjonction, et avec un mouvement de ce genre la pierre se rupture, ainsi que l'a très-bien vu M. Leroy, *sans secousse et sans effort* (1). Fischer avait perforé un calcul *arrêté dans l'urèthre*, et au lieu de chercher à le briser par la pression, cet habile chirurgien le mit en morceaux, en écartant les branches d'une pince introduite dans son intérieur. M. Leroy en rapportant ce fait a entrevu les avantages qu'on pourrait retirer d'un mécanisme semblable, mais il n'a pas songé à les étendre aux calculs enfermés encore dans la vessie, et la pince d'Asthley-Cooper, ou les instrumens qu'il a fait graver dans son livre (pl. III, fig. 6 et 7), et qu'il destine à cet usage, sont loin de posséder l'efficacité du foret à chemise.

Cette efficacité réside toute entière, d'une part,

(1) Exposé des divers procédés employés jusqu'à ce jour pour guérir de la pierre, sans avoir recours à l'opération de la taille, pag. 125.

dans le point d'appui que la tête du foret prête aux branches de la chemise, depuis le moment où elle commence à les séparer, et de l'autre, dans la puissance avec laquelle la crémaillère du tour permet de retirer le coin dans l'intérieur des branches qu'il écarte.

Si la pierre se trouvait spongieuse, la chemise s'imprimerait dans la matière lithique, l'effort de disjonction se communiquerait avec moins d'énergie aux molécules éloignées du centre, et de là le fait, noté plus haut, de la rupture moins prompte des calculs friables. Il faut, toutefois, poser de justes bornes à cette assertion.

Pour accroître encore la force avec laquelle je retire le fer de lance dans l'intérieur de la chemise et mesurer en quelque sorte son action tout en augmentant la facilité du brisement, j'ai fait construire par M. Charrière des forets munis à leur extrémité manuelle d'une vis de rappel. Ce mécanisme s'applique à plusieurs instrumens du même genre et se démonte avec une grande rapidité. Comme le foret à chemise n'a point de renflement vers son extrémité vésicale, on conçoit qu'on pourrait percer le calcul avec un foret simple, retirer celui-ci, et porter alors dans le trou, à travers le tube de la pince, le brise-pierre centrifuge. Formée de branches multiples, la chemis e de cet instrument serait propre à produire un plus grand nombre de parcelles.

Enfin, j'ai voulu profiter des avantages du foret

à tête, en me condamnant aux inconvéniens que je lui reconnais, et je possède un perforateur brise-pierre , dont la forme extérieure est la même que celle du lithotriteur de M. Civiale.

Des calculs de dix-huit lignes de diamètre n'ont pas résisté à la puissance de mon appareil, on en briserait de plus volumineux , et cependant la grosseur moyenne des pierres attaquables par la lithotritie est entre douze et vingt lignes de dia-mètre. Quand la nouvelle méthode sera accréditée dans l'esprit des malades, et portera tous les fruits qu'on a droit d'en attendre, on aura même rare-ment à attaquer des calculs de cette dimension. Appelé plus tôt, parce que le mot *opération* causera moins d'effroi, le chirurgien obtiendra des succès plus prompts, plus faciles et achetés sans dangers réels. Il y aura bien toujours des douleurs à sup-porter, mais elles diminueront encore sous un autre rapport en ne laissant pas au calcul le temps de grossir ; je veux parler de la possibilité d'arriver jusqu'à lui avec des instrumens d'une grosseur or-dinaire; le foret à chemise perd en effet peu de chose de sa puissance en diminuant son diamètre, et je possède déjà un appareil dont la gaîne exté-rieure ne mesure pas au-delà de deux lignes et quart.

Je ne crains pas d'affirmer qu'un calcul de huit lignes de diamètre serait perforé par cet instru-ment et réduit en éclats dans une minute tout au plus, à partir du moment où le foret commencerait à l'entamer. On peut établir en fait que chaque pierre se résoudra en deux , trois ou quatre pièces; en supposant un calcul d'un pouce, les plus considérables de ces pièces auraient six à sept lignes de grosseur. Repris par la pince, les gros quartiers seraient comminués de nouveau par le même mécanisme, et des parcelles d'une assez grande dimension finiraient par être réduites en poudre par le brise-pierre que je décrirai plus bas, ou par le perforateur à tête, si l'on s'était servi de cet instrument et qu'on voulût manœuvrer comme l'enseigne et le pratique M. Civiale.

En agissant avec le foret à chemise, on aurait tort de craindre que la pierre ramenée contre les branches de la pince ne tendît à les casser. Ces branches n'ont pas le moindre effort à soutenir, et l'on évite ce danger imaginaire en donnant du lâche à la pince dès que le fer de lance du foret est légèrement retiré dans sa chemise. Il est facile de voir que la pierre emmanchée est soutenue alors par la tige jusqu'au moment où elle se rompt.

Mais, me dira-t-on, si le calcul présente une dimension de vingt à vingt-cinq lignes de diamètre, si en même temps, ce qui certes est hors de probabilité, la vessie a conservé une capacité capable de permettre le déploiement de la pince, comment ferez-vous pour la saisir?... Comment parviendrez-vous à rompre cette masse?

C'est pour ces cas que je réserve le foret à couteaux mobiles.

Il s'agit alors d'ouvrir les branches de la pince au-delà de leur élasticité propre, afin qu'elles admettent le corps étranger, et de percer dans celui-ci des trous aussi gros que possible. Voyons si je remplis cette double indication.

Un tube d'acier, fendu en trois comme la pince lithoprione, reçoit dans son intérieur une tige du même métal, terminée par une tête égale en grosseur à son diamètre propre. Cette tête, dont l'extrémité représente la pointe d'un trocart, offre sur ses côtés trois sillons en équerre, et chacune des cloisons qui les séparent porte inferieurement une petite mortaise ou enfourchement en-dessous de la tête, la tige perd beaucoup de sa grosseur et se trouve limée à trois faces, dont les angles correspondent au fond du sillon en équerre, de telle sorte que ces faces laissent en saillie toute la hauteur des cloisons. Ce cou triangulaire a un pouce et demi de longueur et figure une pyramide prolongée, dont le sommet tient à la tête du foret, et la base se confond avec la tige. Trois couteaux d'acier *b b b*, Pl. I, fig. 7, sont reçus par un tenon dans les enfourchemens de la tête, et s'assemblent de la même manière avec l'extrémité des branches du tube, munies d'une palette que les couteaux reçoivent à leur tour. Tout cela est chevillé par six goupilles, trois pour l'assemblage des couteaux avec la tête, et trois pour leur réunion avec les branches de la chemise. Les couteaux légèrement évidés à leur face externe qui présente ainsi deux angles sur les bords, ont en épaisseur toute la hauteur des cloisons dont ils offrent la continuation quand le foret est fermé. C'est dans le sillon qui les sépare que se trouve la rivure des goupilles, rivure qui, par cette disposition, ne frotte jamais contre le calcul et ne saurait se détruire. Maintenant, si l'on fait glisser la chemise sur la tige du foret, les couteaux relevés par la pince s'écarteront jusqu'au point de circonscrire un cercle qui n'a de limites que dans leur longueur. A mesure que les ressorts se dilatent, ils font arc-bouter avec plus de force les couteaux contre la tête du foret, qui se trouve elle-même d'autant mieux soutenue qu'elle est étayée par trois points d'appui se faisant équilibre. Par là augmente la solidité de l'instrument, en même temps qu'il perce des trous plus grands, effet précieux et qui n'a pas encore été entrevu. Les goupilles servent seulement à régler la dilatation du foret; elles n'ont aucun effort à supporter pendant son action, et je conserve une pierre dans laquelle j'ai percé un trou de huit lignes, avec un foret dont les couteaux étaient soutenus par l'action seule des ressorts. La portion de la tête qui dépasse le point d'articulation des couteaux et que l'on voit en *a*, Pl. I, fig. 7, sert de guide au foret, l'empêche de vaciller, et le convertit ainsi en une mèche anglaise à téton. Si l'on ajoute à ces avantages le mécanisme extérieur dont le détail se trouve Pl. I, fig. 8, et qui règle la dilatation du foret de manière à le faire passer par tous les points intermé-

diaires, entre le plus grand et le plus petit diamètre, on aura un instrument auquel on ne saurait
adresser de reproche bien fondé. Il remplit, ce me
semble, toutes les conditions du problème à résoudre.

Il offre à peine deux lignes de diamètre, s'efface
en entier dans la pince et peut être retiré complètement au-dehors du restant de l'appareil.
L'opérateur perce avec lui des trous d'un pouce,
et plus encore s'il en était besoin : sa solidité augmente en proportion de l'étendue du cercle que
son extrémité vésicale circonscrit, et par conséquent de la résistance qu'il éprouve. Moins que
tout autre il peut s'empâter, les vides qui existent
entre les couteaux livrant passage à la poussière
qu'il produit. Enfin en le retirant à soi au moment
où les branches du foret correspondent à celles de
la pince, on augmente l'ouverture de celle-ci au-
delà de son élasticité naturelle, sans acheter cet
avantage par l'impossibilité de retirer le foret au
dehors, ainsi qu'on le voit dans la fraise de M. Civiale, et plus récemment dans le foret dilatable
de M. Leroy, et la fraise si ingénieuse de M. Pechioli.

Revenons un instant sur nos pas pour nous occuper des moyens de faire tourner le foret.

Le moteur généralement adopté est l'archet.
Moins imparfait quand on le munit d'un encliquetage pour la tension progressive de la corde,
il mérite encore de graves reproches; ainsi il est

toujours vrai de dire qu'il communique des ébranlemens à l'instrument, et qu'il ne laisse pas au chirurgien la conscience de la force qu'il emploie et
des obstacles qu'il rencontre. Meyrieu le proscri-
vait entièrement pour s'en tenir à la manivelle
simple. Rien ne peut le remplacer cependant
quand on monte le lithotriteur sur le chevalet de
M. Civiale. Depuis que M. Heurteloup, par un
des plus utiles perfectionnemens introduits dans
la lithotritie, a enseigné à se servir d'un point
fixe, l'archet est devenu moins nécessaire. Je propose aujourd'hui de lui substituer dans un grand
nombre de cas un vilebrequin particulier, cons-
truit depuis mon arrivée à Paris dans les ateliers
de M. Charrière. Cet outil porte une grande roue,
dentée, engrenant avec un pignon qui tourne six
fois sur lui-même à chaque révolution de la roue.
Cette rapidité, qu'on pourrait augmenter, me paraît plus que suffisante. On retrouve une disposition analogue dans le moteur de M. Pravaz, qui,
du reste, ne peut convenir qu'à son appareil; et
long-temps avant ce médecin, M. Leroy avait fait
exécuter un semblable engrenage. La forme que
j'ai adoptée est plus simple, et surtout plus com-
mode, en ce qu'elle s'applique à tous les perforateurs. Je ne décrirai pas ce vilebrequin avec
plus de détail. Il suffit d'y jeter un coup-d'œil
pour concevoir le jeu de chacune de ses pièces,
et son efficacité. (*V.* la Pl. III, fig. 1.)

Que le calcul le plus volumineux se trouve réduit en fragmens, comme le moins gros, par l'action combinée du foret à couteaux mobiles, et de celui que j'ai nommé foret à chemise, et je fais observer qu'il est aisé de les substituer plusieurs fois l'un à l'autre dans la même opération, on n'aura plus qu'à briser les parcelles jusqu'au point où elles puissent franchir le canal de l'urèthre, en obéissant à la force d'impulsion que la vessie imprime au liquide qu'elle contient.

Un assez grand nombre d'instrumens ont été proposés pour remplir cette indication. Tantôt on a voulu que la pierre fût écrasée par la pression d'une pince dont les mors seraient rappelés avec énergie dans l'intérieur de la gaîne, tantôt on a exigé qu'à ce moyen premier d'écrasement se joignît un mouvement de va-et-vient des mors l'un sur l'autre.

C'est au premier mécanisme que j'ai donné la préférence, et c'est lui que je me suis efforcé d'améliorer.

Sans doute on a quelque chose à gagner par le glissement alternatif des branches sous le rapport du broiement ; mais cet avantage, il faut l'acheter par une difficulté plus grande de faire entrer et sortir la pince pour saisir le calcul, et c'est toujours là le point délicat de l'opération. Un ressort assez mince pour se développer facilement, et obéir sans peine à la main du chirurgien qui retire la pince en cherchant à s'emparer d'un fragment, serait évidemment trop faible pour trans-

mettre aux mors le mouvement d'aller et venir. Il
en résulte qu'on est obligé de grossir l'instrument,
afin de laisser à ses diverses parties la force dont
elles ont besoin, et c'est un second inconvénient
de cette disposition. Il est facile de se convaincre
de la vérité de mes assertions en examinant les
brises-pierre construits d'après ces idées.

Le mien est combiné de toute autre manière.

Une pince à deux branches (*V. a*, Pl. II, fig. 2) est
engagée dans une canule d'acier renforcée à son
extrémité vésicale par une bonne virole du même
métal. L'extrémité externe ou manuelle de cette
gaîne porte une *embase* ou renflement qui s'adapte
au moyen d'une vis au mécanisme destiné à opérer le rappel. Celui-ci se compose de deux pièces
principales. La première, que je nomme transversale, présente dans son épaisseur une boîte à cuir
dans laquelle se visse la gaîne de l'instrument
et est surmontée à ses deux extrémités d'une tige
ronde en acier. (*V. g g*, Pl. II, fig. 2.) La seconde est
un cadre d'acier, dont les montans forés de bas en
haut, selon leur longueur, reçoivent les tiges *g g*
de la pièce transversale et permettent un glissement
facile d'une pièce sur l'autre. Le côté interne de
ces montans est limé à deux biseaux, et prend la
forme de la lettre *V*. Un coussinet de cuivre,
composé de deux pièces qui, par leur réunion,
représentent en creux la même figure, monte et
descend dans le cadre par le jeu d'une vis de rappel à triple filet. Cette vis, dont l'écrou est pra-

tiqué dans la traverse supérieure du cadre, offre inférieurement une tête emprisonnée dans le coussinet de cuivre et roulant au-dedans de celui-ci ; enfin la partie inférieure du coussinet s'articule à l'aide de quelques pas de vis avec le prolongement de la pince qui, après avoir franchi la boîte à cuir, arrive dans l'intérieur du cadre par un trou pratiqué à sa traverse inférieure. Ainsi le coussinet de cuivre est le moyen d'articulation de la pince avec la vis, et empêche celle-ci de communiquer à la première aucun autre effort que celui de traction.

Ce mécanisme est aussi simple en réalité que difficile à décrire. Examinons ses effets.

Lorsque le coussinet de cuivre est ramené par la vis au fond du cadre, et que celui-ci touche à la pièce transversale, les tiges de cette dernière sont cachées et la pince dépasse autant que possible l'extrémité vésicale de la gaîne. Retirez le cadre, la pince se cachera et les tiges se découvriront d'une égale longueur. Rien n'est aussi aisé que cette manœuvre, à l'aide de laquelle je suppose qu'un calcul ou un fragment vient d'être saisi. Je fais alors agir la vis de rappel ; entraîné par elle, le coussinet de cuivre tend à remonter dans l'intérieur du cadre, mais le point fixe se trouvant à l'extrémité de la gaîne et sur les mors de la pince, il en résulte que ce cadre descend dans une égale proportion à l'encontre de la pièce transversale dont les tiges lui servent de guide. Dès que les deux pièces portent l'une sur l'autre tout l'effort du retrait s'exerce au profit de la pince, qui peut briser les fragmens les plus durs.

Si le lecteur a saisi le jeu de ce mécanisme, il lui aura reproché sans doute qu'il occasione une perte réelle de temps employé à faire descendre le cadre mobile à l'encontre de la pièce transversale. Pour obvier à cet inconvénient, il suffit d'employer une vis à filets très-rampans et de la faire rouler dans un bouton au-dessus du cadre, comme elle roule en bas dans l'intérieur des coussinets de cuivre : alors le cadre est fixe, et sa traverse inférieure contient la boîte à cuir. Si on saisit le bouton et qu'on pousse la vis, celle-ci, tournant à ses deux extrémités, chemine dans son écrou, force la pince à saillir, et dès que la pierre est engagée, le premier mouvement de rappel agit pour la comminuer. Un tire-bouchon anglais présente à peu de chose près ce mécanisme, qu'on voit représenté (Pl. II, fig. 3).

J'ai brisé avec ces appareils des quartiers volumineux et même des pierres entières. La puissance dont on dispose est énorme, et je ne saurais trop recommander de ne pas tremper le moins du monde les mors de la pince. Les ressorts eux-mêmes doivent l'être excessivement peu. Mieux vaut s'exposer à voir l'instrument se fausser un peu que de le casser dans la vessie. Cette remarque s'applique à tous les agens mécaniques que le chirurgien introduit dans cet organe.

Il est facile de s'apercevoir que rien ne s'opposait à la mise en œuvre d'une gaîne courbée à la manière d'une sonde ordinaire, et j'ai dû profiter de cet avantage. Cette forme de la pince permet de *pêcher* les débris de calcul dans le bas-fond de la vessie, il suffit pour cela de tourner l'instrument, après son introduction, de telle sorte que la convexité soit en haut et la concavité en bas.

Ce serait à tort que l'on s'effraierait du défaut apparent de solidité des ressorts qui continuent les mors de mes pinces et en déterminent l'écartement. On n'agit jamais sur eux que dans le sens de leur longueur, et un ressort ne casse que par un effort perpendiculaire à la direction de ses fibres.

On a remarqué avec raison que le méat urinaire est la partie la plus sensible du canal de l'urèthre; elle est aussi la plus étroite et celle que fatigue davantage la présence d'une sonde de gros calibre. Cette observation avait porté Ducamp à imaginer ses bougies à ventre, et me suggéra l'idée de diminuer le diamètre de la gaîne vers son extrémité manuelle. Ce perfectionnement est plus spécieux que réel. J'ai dû y renoncer en voyant les liquides injectés dans la vessie s'échapper entre l'instrument et les parois de l'urèthre, qu'on doit chercher à remplir aussi exactement que possible. Ce changement, et le vide qu'il me laisse entre la tige de la pince et sa gaîne, m'a donné la faculté d'ajouter à celle-ci un entonnoir propre à s'adapter à la seringue à injection. On n'aura donc plus besoin de pratiquer le cathétérisme pour distendre la vessie avant d'introduire mon brise-pierre ; le seul qui offre cet avantage, et qui soit pourvu d'une boîte à cuir.

J'ai déjà dit que les mors de mon brise-pierre ou de tout autre peuvent se rompre dans la vessie. Cet accident n'a jamais été observé ; mais il doit être prévu, car il nécessiterait l'opération de la taille qu'on cherche à éviter par la lithotritie. L'espace qui existe entre la tige de mon saxifrage et sa gaîne m'a inspiré une disposition qui m'ôte toute crainte à cet égard. Les mors sont percés à leur extrémité d'un trou qui marche obliquement de dedans en dehors et d'arrière en avant. Ce trou, légèrement évasé à l'intérieur de la pince, reçoit un fil de soie très-fort, retenu par un bon nœud, et qui, après être rentré dans l'intérieur de la gaîne à travers deux yeux pratiqués à cet effet, vient ressortir à l'extrémité manuelle par le syphon destiné à injecter le liquide. Il est facile de comprendre que si un des mors ou tous deux venaient à se casser, les fils les ramèneraient au-dehors en les tirant *à la remorque* ; et comme ce fil est fixé à l'extrémité libre de la pince, il en résulterait que celle-ci s'engagerait la première et que le point brisé marchant *à l'arrière* ne pourrait blesser en aucune manière le canal de l'urèthre.

Le mécanisme dans lequel réside la puissance de l'instrument peut se monter avec facilité sur des gaînes de différens diamètres, et n'empêcherait point de diviser la pince en trois branches comme l'a fait M. Rigaud.

On s'accorde à regarder comme un perfectionnement introduit dans la lithotritie l'étau à l'aide duquel M. le baron Heurteloup fixe l'appareil lithotriteur pendant qu'il s'occupe à broyer le calcul. Je partage à cet égard l'opinion générale. Je n'entreprendrai pas cependant de défendre ici cette invention contre tous les reproches que lui adresse M. Civiale, et qu'elle mériterait si tous les malades étaient d'une extrême indocilité et qu'on fût privé des moyens propres à les empêcher de retirer le bassin en arrière. Dans l'immense majorité des cas le point fixe a l'avantage de prévenir, d'empêcher des ébranlemens fâcheux. Les calculeux lui doivent de ne pas souffrir tandis qu'on fait jouer le foret : c'est une vérité dont j'ai eu l'occasion de me convaincre dans plus de trente opérations pratiquées sous mes yeux par M. Leroy. D'ailleurs peut-on supposer qu'il existe entre les mains d'un aide qui tient le chevalet, et le patient, une harmonie parfaite de mouvement ?... Si le malade exécutait un saut brusque, imprévu, ne courrait-il pas un danger plus grand peut-être qu'en se confiant à l'étau ?... Celui-ci du moins ne bouge pas et l'instinct de la douleur enseigne à prendre des positions avantageuses qu'aucun changement de direction imprimée à l'appareil ne vient contrarier. Le lit mécanique de M. Heurteloup, dont le *point fixe* fait partie, est fort ingénieux, mais difficile à transporter. Déjà M. Leroy a depuis long-temps fait construire un étau et des porte-semelles susceptibles d'être adaptés à une table ordinaire. Après avoir fait subir

quelques modifications à ces divers objets, mais surtout aux porte-semelles mobiles, je songeai à les loger dans une boîte, et compris au même instant
qu'on pouvait profiter de cette dernière pour trouver à-la-fois un plan incliné sur lequel porterait le
bassin, et un second plan incliné capable de soutenir les épaules. Cette boîte forme aujourd'hui ce
que je nomme le *lit pupître*. Ses dimensions sont de
vingt pouces en carré et de quatre pouces de hauteur. Le dessous de la boîte a un pouce et demi d'é-
paisseur. Il est composé de deux panneaux superposés l'un à l'autre et glisse à coulisse dans les montans,
de telle sorte qu'en se développant il augmente de
moitié la longueur de la boîte. Le panneau inférieur
a un pouce d'épaisseur, et c'est sur lui que se fixent
l'étau et les porte-semelles : le supérieur est épais
de six lignes. Réuni au premier par deux fortes
charnières placées en arrière, il s'élève sur le devant à la hauteur où on le veut, et est soutenu aux
deux côtés par des arcs-boutans de fer. Ces arcs
boutans, fixés à charnière dans le panneau inférieur,
mordent dans une série de trous pratiqués à travers
des lames de cuivre entaillées au-dessous du panneau
mobile. C'est ainsi que l'on forme le plan destiné à
soutenir le bassin et à le pencher en arrière. Le
dessus de la boîte, en se relevant à la manière du
carton d'un livre relié, fournit à son tour le point
d'appui des épaules. Il est soutenu dans les divers
degrés d'inclinaison par des portans de fer plus
longs que ceux du plan inférieur, mais disposés de

la même manière. Ils s'articulent avec les côtés de la boîte, dont le cadre, resté vide, porte exactement sur la table au-dessus de laquelle on établit le lit pupître. Un inconvénient restait à vaincre, et se trouvait dans l'échelon représenté par la hauteur de la traverse antérieure de la boîte. Il a suffi d'un mécanisme fort simple pour permettre au couvercle de glisser en avant jusqu'au point de rencontre avec le plan incliné inférieur. L'explication de la planche III achèvera de faire entendre tout cela.

On s'est servi de mon lit pupître à l'hôpital de la Charité, et l'on a pu juger de sa solidité et des avantages qu'il présente sous un très-petit volume. Je le crois applicable à l'opération de la taille et à une foule d'opérations qu'on exécute sur le bassin. C'est là l'opinion de M. Lisfranc, chirurgien en chef de la Pitié, dont on connaît la pratique heureuse dans les maladies cancéreuses du col de l'utérus et du rectum.

Mon lit pupître a été exécuté par M. Abeil, menuisier-ébéniste, rue Montmorency, n°. 40. On peut se le procurer aussi chez M. Charrière, enclos Saint-Jean-de-Latran, en face le collége de France.

En rapprochant les divers instrumens par lesquels j'espère avoir introduit d'utiles modifications dans la lithotritie, on voit qu'ils se composent des objets suivans.

1°. De sondes et bougies propres à redresser le canal de l'urèthre, quelque puisse être sa courbure, sans le moindre danger et même sans douleur pour le malade. L'invention de cette algalie est justifiée par l'impossibilité où l'on est quelquefois d'arriver avec une sonde droite dans la vessie, et tous les praticiens qui s'occupent spécialement des maladies des voies urinaires en reconnaissent l'efficacité pour combattre certains engorgemens de la prostate simulant la paralysie de la vessie. MM. Leroy, Pasquier fils, Amussat et Ségalas ont cherché par des moyens divers à remplir la même indication. L'usage de cet instrument, dans le traitement préparatoire de la lithotritie, émoussera la sensibilité du canal de l'urèthre et préviendra plus d'un accident fâcheux. Quelque restreint que soit le nombre des circonstances pathologiques où il peut être appliqué, son utilité n'en est pas moins réelle.

2°. Un tour ou chevalet destiné à soutenir les inces et les perforateurs. Il sert, dans quelques cas trop rares, à gruger la pierre en la ramenant contre les branches de la pince, après l'avoir emmanchée sur un foret particulier.

3°. Un vilebrequin à engrenage pour mettre les fraises en mouvement sans l'intermédiaire d'un chevalet, et dans les cas surtout où l'on se sert d'*un point fixe*.

4°. Un foret à chemise, ou brise-pierre centrifuge. Il fixe la pierre sur lui-même après l'avoir perforée, ou la rompt en éclats. Introduit dans un instrument de petit volume, dont la pince destinée à extraire les calculs engagés dans l'urèthre ne présente pas de crochets à l'extrémité de ses branches, le foret à chemise sert à percer les pierres arrêtées dans ce canal excréteur et à les briser, comme Fischer parvint à le faire avec sa pince à pansement.

5°. Un foret que je nomme à couteaux mobiles.

6°. Divers brise-pierres droits ou courbés à la manière d'une algalie ordinaire.

7°. Enfin un *lit pupître* offrant tous les avantages qu'on peut désirer, et très-facile à transporter. Ce lit peut renfermer : l'étau ou point fixe; des porte-semelles jouissant de la mobilité dans tous les sens, et plusieurs instrumens lithotriteurs. La boite qui le constitue a vingt pouces en carré et quatre pouces de hauteur. Il s'adapte solidement sur la première table venue.

Si je ne m'aveugle point, cet ensemble de moyens aura le mérite de mettre à la disposition du chirurgien toutes les ressources dont il a besoin pour la destruction mécanique des calculs vésicaux.

L'instrument auquel j'attache le plus d'importance est le brise-pierre centrifuge ou foret à chemise.

M. Pamard (d'Avignon) paraît avoir cherché la même puissance dans l'instrument qu'il vient d'envoyer à l'Académie (1), et que le mécanicien qu'il a employé n'a pas tardé à revendiquer comme son invention propre (2). Le lithotriteur de ces mes-

(1) Séance du 10 août 1829.
(2) Séance de l'Académie des Sciences, 17 août 1829.

sieurs est courbe, et la fraise ne doit son expansion qu'à un ressort placé dans son intérieur. Je doute que ce ressort possède une énergie suffisante. Quoi qu'il en puisse être, j'établirais au besoin ma priorité, soit par des témoignages authentiques qui remontent à deux années révolues, soit par le dépôt que j'ai fait du dessin de mes instrumens au secrétariat de l'Institut. Le paquet qui le renferme est sous la date du 6 juillet, et se trouve enregistré sous le n°. 153.

De deux choses l'une : ou l'on parviendra à réduire la pierre en poudre, quelle que soit sa forme, et c'est le but vers lequel se dirigent, sur les traces de Meyrieu, MM. Tanchou et Récamier.

Ou, ce qui est plus probable, on retombera dans la nécessité de produire des fragmens. Je dis qu'alors le meilleur procédé sera celui qui brisera le calcul avec le plus de promptitude et de sûreté pour le malade. Je ne reviendrai pas sur la démonstration qui établit sous ce rapport la supériorité du foret à chemise sur les fraises simples et les évideurs.

Mais a-t-on raison de s'effrayer autant que je l'ai fait moi-même du séjour des parcelles de calcul dans la vessie ? Est-il probable qu'elles y resteront enfermées pour servir de noyau à des pierres nouvelles ? Non sans doute. L'observation a parlé : des cures nombreuses ont été obtenues, et les craintes exagérées se sont évanouies. Ici l'erreur est née de l'application qu'on a voulu faire au broiement de la pierre des notions fournies par la lithotomie. « Quand il nous arrive de briser un calcul entre » nos tenettes, disent encore de très-habiles chi- » rurgiens, un fragment peut échapper à nos re- » cherches; il ne sort pas de la vessie, bien que » cette poche soit ouverte largement dans sa partie » la plus déclive ; la maladie se reproduit... Et l'on » prétendrait, ajoutent-ils, que le canal de l'urèthre » dont l'embouchure est située au-dessus du bas- » fond de la vessie, dont le diamètre est si petit » relativement à la plaie périnéale, livrera passage » au détritus plus ou moins volumineux qu'on a » produit par le broiement? » Ceux qui parlent ainsi ne tiennent pas compte de l'état si différent de l'organe après les deux opérations. Ouverte par la taille, la vessie revient sur elle-même et cache les fragmens dans la plicature de ses membranes; durant quelques jours l'urine coule sur l'alaise à mesure qu'elle descend des uretères; ce liquide ne distend plus son réservoir, et ne chasse pas, en s'échappant tout-à-coup, les corps étrangers vers la plaie. Entière à la suite de la lithotritie, la po- che cystique réagit fortement contre l'urine accu- mulée ; toutes ses fibres musculaires convergent vers le méat urinaire, et la colonne du liquide en- traîne irrésistiblement les parcelles de calcul qui s'engagent et cheminent sous cette force d'impul- sion... *quâ datâ portâ ruunt.* Peut-on oublier que ces phénomènes physiologiques sont la source de toutes les souffrances des calculeux, et que le flot de l'urine pousse au col de la vessie des pierres très-volumineuses. MM. les membres de l'Académie des Sciences se souviennent sans doute que M. Heurteloup a voulu tirer parti de cette circonstance pour s'emparer des calculs à l'aide de sa pince à quatre branches mobiles.

Il résulte des détails dans lesquels je viens d'entrer, que la paralysie de la vessie doit être considérée comme une des contre-indications formelles à la lithotritie. Toutes les injections, toutes les irrigations ne sauraient tenir lieu du ressort de l'organe, et il n'y a plus de chances heureuses que dans la recherche et l'extraction des fragmens, au moyen de pinces plus ou moins appropriées à cet usage. Il est vrai que la lithotomie ne promet guère plus de succès.

Le samedi 1er. août 1829, M. le professeur Roux a taillé devant ses nombreux élèves, dans l'hôpital de la Charité, un malade âgé de cinquante-cinq ans. Ce malheureux subissait l'opération pour la troisième fois depuis six mois environ. Il fut extrait quinze ou seize calculs; les plus gros ressemblaient à des noisettes, et les plus petits égalaient à peine le volume d'une lentille. Ces derniers auraient pu sortir spontanément par l'urèthre, si la vessie n'avait pas été paralysée. Depuis cinq ans le malade n'urine qu'à l'aide d'une sonde. Aucun accident ne s'est manifesté; la guérison est complète aujourd'hui. Malgré l'admirable dextérité de l'opérateur et la finesse de son tact, n'est-il pas à craindre que quelques petites pierres n'aient échappé à ses investigations?... Faut-il rapporter uniquement à une diathèse lithique les récidives fréquentes observées sur ce sujet?...

Ici se termine ma tâche. Il n'entre pas dans mon but de parcourir tous les cas où la nouvelle méthode trouve son application, et ceux dans lesquels elle doit être rejetée. J'ai exposé les avantages que je crois trouver dans la disposition de mes instrumens et les idées théoriques sur lesquelles ils sont fondés. Au point où en est la lithotritie, mes calculs peuvent avoir une grande certitude indépendamment des applications pratiques. De nombreux essais cadavériques m'ont prouvé directement leur efficacité. Ce n'est plus d'ailleurs aujourd'hui l'objet d'un doute que la facilité de saisir la pierre, de la percer, et je ne fais pas autre chose avec le foret à chemise, dont l'action excentrique ne saurait être niée. Divers brise-pierres ont été employés avec succès. Si mon appareil instrumental ne réussissait pas de prime abord, cela tiendrait au défaut d'habitude dans les manœuvres, et non pas à son imperfection.

Forcé de retourner en province auprès de mes cliens, je n'ai plus le temps de séjourner à Paris assez pour traiter plusieurs malades sous les yeux des commissaires que l'Institut daignera me donner. Je me bornerai donc à démontrer mon manuel opératoire, et je m'engage à vous rendre un compte exact de ma pratique, quels que puissent en être les résultats. La franchise est le premier devoir quand il s'agit des intérêts sacrés de l'humanité. Permettez-moi d'espérer que la mienne m'attirera la bienveillance de l'Académie, alors même qu'elle croirait devoir me refuser un jour son suffrage et ses encouragemens.

FIN.

DESCRIPTION

DES PLANCHES.

—

PLANCHE PREMIÈRE.

Fig. 1. L'instrument entier armé du foret à chemise, sur lequel une pierre est fixée, et monté sur le tour destiné à le mettre en mouvement. Toutes ces pièces sont réduites d'un tiers de leur grandeur naturelle.

a a. Tige carrée formant le support de la poupée mobile qui glisse sur elle. Cette tige est fendue d'une mortaise, dont le côté supérieur est taillé en crémaillère. *b.* Cou de cigne supportant la contre-poupée. *c.* Queue ou prolongement, coudé en sens inverse de la contre-poupée, et propre à assurer l'immobilité de l'instrument tenu par les mains d'un aide. On peut soutenir aussi le tour à l'aide du point fixe représenté à la planche III. *d.* Chapeau de la contre-poupée ajusté sur elle par une coulisse emprisonnant le tube extérieur de l'instrument. *e.* Vis de pression du chapeau sur la gaîne. *f.* Vis de pression fixant la pince dans le tube externe dès que la pierre est saisie. *g g.* Boîtes à cuir propres à empêcher pendant l'opération l'écoulement des liquides contenus dans la vessie. *h.* Mécanisme retirant le fer de lance du foret dans l'intérieur de la chemise pour emmancher la pince ou la faire éclater. *i.* Montre l'intérieur de la boîte de l'arbre qui communique le mouvement de rotation au foret et leur mode d'assemblage. *j.* Vis de pression retenant le foret dans cette boîte. *k.* Arbre du tour en l'air que représente la poupée mobile ; on fait jouer l'archet sur la poulie de cet arbre; on peut aussi le mettre en mouvement à l'aide d'une manivelle qui s'adapte derrière la poupée. *l*. Disques de cuivre servant de coussinets au pignon qu'on voit en *b*., fig. 5, et emprisonnant ce pignon dans la mortaise de la tige carrée qu'il traverse pour s'engrener avec la crémaillère. Ces disques sont fixés par trois vis contre le plat de la poupée. *m*. Brisure montrant l'*engaînage* des différentes tiges dont se compose l'instrument. (11. La gaîne. 22. La tige de la pince. 33. La chemise du foret. 4. La tringle formant le prolongement du forêt.) *n n n*. Branches de la pince. *o*. Pierre montée sur le foret à chemise qui la fixe sur lui-même, ou la brise en fragmens. *p*. Portion de la pince dépassant au-dehors la boîte à cuir de la gaîne. *q*. Portion de la chemise du foret dépassant la boîte à cuir de la pince. *r*. Cuivrot servant à fixer sur le foret la pièce destinée à opérer le rappel du fer de lance dans l'intérieur de la chemise. *s*. Languette à ressort jouant dans une fente du prolongement du foret et l'empêchant de virer dans l'intérieur de la chemise sous l'action de l'écrou à oreille *t*. *u*. Vis mordant sur la tige du foret.

Fig. 2. Détail de la contre-poupée et de son mode d'ajustage avec le chapeau qui la couvre. (Grandeur naturelle.)

Fig. 3. Détail de la poupée mobile vue de face. *a*. La clef du pignon. *b*. Le pignon qui s'engrène dans la crémaillère de la tige carrée, et fait avancer ou reculer la poupée mobile selon qu'on tourne la clé du pignon dans un sens ou dans l'autre. *c*. Vis de pression agissant sur la tige de support par l'intermédiaire d'un lardon. Elle sert à augmenter ou diminuer la facilité du glissement. *d*. Coussinets de cuivre dans lesquels roulent les collets du pignon. *e*. Chapeau du tour fixé par deux vis. *f*. Vis de pression servant à régler le jeu de l'arbre dans les coussinets. Cette vis est munie d'un contre-écrou. *g.* Coussinets de cuivre dans lesquels roulent les collets de l'arbre.

Fig. 4. Le foret à chemise destiné à emmancher la pierre ou à la rompre en éclats. *a.* Fer de lance traçant la voie à la chemise. *b.* Plans inclinés de l'extrémité des branches de la chemise. *c.* Boîte à cuir avec la vis de pression qui empêche la chemise de virer sur la tige. *d.* Portion du foret dépassant la boîte à cuir. On y voit l'enfourchement qui loge la goupille rivée dans l'intérieur de la boîte de l'arbre du tour. Dans ce modèle de foret, le fer de lance n'écarte les branches de la chemise que par l'action de la crémaillère du tour et la puissance du pignon.

Fig. 5. Le foret à chemise dont les branches sont séparées par le fer de lance. *a.* Ecartement des branches. *b.* Extrémité agissante du foret vue d'aplomb. *c.* Le coin engagé dans la chemise. *d.* Cette chemise. *e.* La tige.

Fig. 6. Tige du foret à couteaux mobiles dépouillée du tube formant trois ressorts, et des couteaux qui s'articulent avec eux et la tête du foret.

Fig. 7. Foret à couteaux mobiles déployé. *a.* Portion du foret qui dépasse le point d'articulation des couteaux, et fait l'office du *téton* d'une mèche anglaise. *b b b.* Les couteaux. *c c c.* Ressorts qui servent à les ouvrir par le jeu du mécanisme qu'on voit fig. 8 de la même planche. *d.* Cou triangulaire ou portion de la tige amenuisée pour compenser l'épaisseur des couteaux et des ressorts.

Fig. 8. Foret à couteaux mobiles fermé. *a.* Extrémité agissante ; elle n'excède pas en grosseur la tige du foret habillé de sa chemise, et n'empêche pas qu'on retire l'ins-

6

trument hors du tube de la pince. *b.* Ressorts de la chemise appliqués contre le cou triangulaire. *c.* Fente dans laquelle s'engage une goupille vissée dans la tige du foret. Elle s'oppose à ce qu'on casse les ressorts de la chemise, dont elle borne le glissement, et empêche encore que cette chemise ne tende à virer sur la tige du foret. *d.* Boîte à cuir. *e.* Collet de la boîte à cuir. *f*, Portion de l'écrou brisé recevant et emprisonnant le collet *e*. *GG*. Écrou brisé assemblé par deux vis, comme on le voit en *b*, même planche, fig. 10.

Il est facile de concevoir que si l'on fait marcher l'écrou sur la vis que porte la tige du foret, le collet *e* roulant dans la boîte *f*, que lui fournit la partie intérieure de l'écrou, déterminera le glissement de la chemise sur la tige du foret; par là seront ouverts et fermés tour-à-tour les couteaux destinés à augmenter le trou de la pierre, et qui pourront passer par tous les points intermédiaires, entre le plus grand et le plus petit diamètre. Une petite aiguille d'acier, attachée à l'écrou brisé, indique sur un cadran divisé en huit parties égales, et tracé sur le disque de la boîte à cuir, le degré d'écartement des couteaux. Chaque révolution complète de l'aiguille augmente cet écartement d'une ligne. *h.* Portion du foret dépassant le mécanisme de rappel.

Fig. 9. Montre le foret ouvert autant que possible, et vu d'aplomb sur son extrémité vésicale. Le cercle ponctué marque le diamètre du trou qui résulte de son action. Ce diamètre n'a de bornes que dans la longueur des couteaux qu'on pourrait augmenter de beaucoup.

Fig. 10. Mécanisme de rappel. *a.* La boîte à cuir avec sa vis de pression. *b.* L'écrou brisé assemblé par deux vis, et surmonté de la petite aiguille du cadran.

Fig. 11. L'évideur à tête, de M. Leroy. *a.* Extrémité agissante pendant le premier temps de l'opération. *b b.* Palettes qui produisent l'évidement. *c*. Fourche élastique séparée à la manière d'un coin par la partie *a*, et dont les palettes sont le prolongement.

Fig. 12. Le même instrument fermé. On y voit, comme dans la figure 11, l'épaulement à l'aide duquel M. Leroy façonne les branches des pinces non trempées.

Fig. 13. Fraise de M. Civiale, se moulant sur le fond de l'entonnoir représenté par la pince à trois branches après sa dilatation.

Fig. 14. Curseur dont on se sert pour placer un arrêt sur les divers perforateurs, et les empêcher de transpercer une pierre.

Fig. 15. Manche d'un archet à tension progressive avec détente. *a*. La poignée de bois. *b*. Axe sur lequel s'enroule la corde. *c c*. Encliquetage intérieur qui fixe la corde au degré de tension voulu. *dd*. Boutons pour faire tourner l'axe. *e*. Tambour dans lequel se cache la corde. *f*. Vis de pression destinée à fixer la tige de l'archet sur son manche.

PLANCHE DEUXIÈME.

Fig. 1. Partie de la gaîne du lithotriteur qui s'ajuste avec la contre-poupée du tour. *a*. Masse hexagone reçue dans le vide de même forme qu'on voit pl. I, fig. 2. *b*. Portion de la gaîne. *c*. Vis sur laquelle s'adapte la première boîte à cuir de l'instrument.

Fig. 2. Brise-pierre ou saxifrage destiné à écraser les fragmens de calcul. *a*. Mors de la pince. *b*. Ressorts qui en déterminent l'écartement. *c c c.* Tige de la pierre vue d'abord dans l'intérieur du tube, puis, après son passage, à travers la boîte à cuir, et enfin dans l'intérieur du cadre *h h*, où elle s'articule à vis avec le coussinet transversal *k*. *d.* Syphon pour l'injection des liquides dans la vessie; il livre passage aux fils *j j*, fixés à l'extrémité des mors de la pince, qu'ils ramèneraient au-dehors de la vessie, si cette partie de l'instrument venait à se briser dans le réservoir de l'urine. *e.* Masse terminant la gaîne dans laquelle s'effacent les mors de la pince que son extrémité vésicale rapproche fortement. Cette masse ou embase est munie d'une vis qui la fixe sur le mécanisme de rappel. *f.* Pièce d'acier présentant une boîte à cuir, et surmontée de deux tiges rondes *G G, G G.* Tiges rentrant dans l'intérieur du cadre mobile, *h h*, auquel elles servent de guide. *i.* Vis de rappel à triple filet. Cette vis traverse l'écrou pratiqué à la partie supérieure du cadre, et va rouler par la tête *l*, pratiquée à son extrémité dans la pièce transversale *k*, dont elle détermine le glissement dans le cadre d'acier. *k.* Pièce qui transmet à la pince l'effort de rappel opéré par la vis. Elle est formée de deux morceaux de cuivre réunis par deux vis, et qui, d'une part, emprisonnent la tête *l*, et de l'autre offrent un écrou brisé qui reçoit l'extrémité taraudée de la pince.

Fig. 3. Brise-pierre courbe à la manière d'une algalie ordinaire. *a a.* Montans d'un cadre d'acier immobile sur la gaîne à laquelle il s'adapte. *b.* Traverse inférieure contenant la boîte à cuir. *c.* Traverse supérieure renfermant l'écrou de la vis. *d.* Bouton dans lequel roule le prolongement de la vis au-dessus du cadre, comme elle roule en bas dans l'intérieur du coussinet de cuivre. *e e.* Traverse d'une vis à quatre filets assez rampans pour fuser dans l'écrou quand on pousse en avant ou qu'on retire en arrière le bouton *d.* C'est dans ce mouvement que la pince sort du tube, et y

rentré alternativement pour saisir un calcul ou ses fragmens. Le premier effort de rappel fait à l'aide de la traverse
e e , sert avec ce mécanisme à opérer l'écrasement du corps
étranger. Il n'y a pas un instant de perdu.

Fig. 4. Montré l'état dans lequel se trouverait le brise-
pierre si la pince venait à se rompre. *a.* Mors entier rentré
dans sa gaîne. *b.* Mors brisé et entraîné au-dehors de la
vessie par le fil de soie dont il est armé.

Fig. 5. Foret à chemise et à tête divisée en trois branches. *a.* Extrémité agissante légèrement entr'ouverte par
la pyramide triangulaire. *b.* Cette extrémité vue d'aplomb.
c. La chemise. *d.* La tige mise à découvert par une brisure.
e. Mortaise recevant la clavette *d.* de la fig. 6, pl. II. *f.* Vis
à filets carrés.

Fig. 6. Le même instrument muni de son mécanisme.
a. Extrémité agissante avec la pyramide engagée entre les
branches qu'elle écarte. *b.* Cuivrot monté par deux vis sur
la chemise du foret. *c.* Portion cylindrique qui offre une
fente dans laquelle se promène la clavette *d.* sous l'action
de l'écrou *f. d.* Clavette ou languette à ressort qui ne permet pas à la tige de virer dans l'intérieur de la chemise, et
maintient dans un rapport constant les trois angles de la
pyramide triangulaire avec les sillons pratiqués pour les recevoir à l'intérieur des branches de la chemise.

Voici comment on se sert de ce mécanisme. Dès que le
foret est parvenu dans le calcul, le chirurgien saisit d'une
main la poulie *b* , tandis que de l'autre il fait tourner
l'écrou à oreille *f.* Il n'en faut pas davantage pour que la
pierre éclate en donnant à l'opérateur une sensation sur
laquelle il ne saurait se méprendre après une seule épreuve.
En tournant l'écrou en sens inverse du premier mouvement,
on remet le foret dans son état primitif.

Fig. 7. Tige du foret hors de la chemise et montrant la pyramide triangulaire.

Fig. 8. Brise-pierre centrifuge à quatre branches. Cet instrument peut être conduit à travers le tube de la pince dans l'intérieur d'un calcul qu'on aurait percé avec un foret plein disposé en fer de lance et susceptible d'être ramené au-dehors. Son mécanisme est le même que le précédent, combiné par M. Charrière, de façon à s'adapter à tous les instrumens analogues.

Fig. 9. Sonde à vis en gomme élastique.

Fig. 10. Ecrou flexible faisant corps avec les parois de la sonde dont elle est séparée.

Fig. 11. Mandrin droit taraudé. *a.* Pas de vis sur lequel on moule l'écrou. *b.* Extrémité dépourvue de filets, et servant de guide à ceux-ci dans l'intérieur du tube représenté par l'écrou. *c.* Tige du mandrin. *d.* Manivelle pour faire cheminer le mandrin fixé dans la boîte qui le reçoit par la vis de pression *e.*

PLANCHE TROISIÈME.

Fig. 1. Vilebrequin à engrenage destiné à remplacer l'archet quand on se sert du *point fixe.*

a. Le manche. *b.* Manivelle. *c.* Grande roue dentée *engrenée d'angle* avec le pignon. *d. d.* Pignon fixé sur le prolongement de la boîte *e.* à laquelle il transmet le mouvement qui lui est communiqué par la grande roue. *e.* Boîte dans laquelle on fixe les forets qui s'y trouvent retenus par la vis de pression *f.*

Fig. 2. Lit-pupître fermé et renfermant deux porte-semelles semblables à celui qu'on voit même planche fig. 4, et le point fixe dessiné même planche, fig. 6. Cette boîte á 20 pouces en carré et 4 pouces en hauteur.

a. Traverse antérieure de la boîte. *b b.* Pièces dont le détail se voit à la fig. 8. *c c.* Panneau inférieur ayant un pouce d'épaisseur, et sur lequel on monte les porte-semelles; il rentre à coulisse dans les montans latéraux de la boîte. *d.* Panneau qui forme le plan incliné sur lequel porte le bassin. *e e.* Vis de pression servant à fixer au degré d'inclinaison voulu le plan sur lequel s'appuyent les épaules.

Fig. 3. Lit-pupître ouvert. *a.* Panneau inférieur. *b.* Plan incliné supportant le bassin, et formé par un second panneau assemblé en arrière avec le premier par de fortes charnières. *c.* Couvercle de la boîte destiné à soutenir les épaules. *d d.* Arcs-boutans de fer qui mordent dans une crémaillère de cuivre fixée au-dessous du plan incliné *b*, qu'ils servent à assujétir. *e e e.* Cadre de la boîte défoncée par le développement de son plancher et de son couvercle. Ce cadre porte exactement sur la table à laquelle on adapte le lit-pupître. *f.* Arcs-boutans du couvercle ou plan incliné supérieur. *g.* Vis de pression dont l'office est de consolider le point d'appui des épaules.

Fig. 4. Porte-semelle. *a.* Étau avec lequel on saisit à-la-fois le panneau, *a.* fig. 3, et la table sur laquelle on développe la boîte. *b.* Vis de pression. *c.* Console ou tige de support brisée en deux pièces réunies par deux brides, et qui s'allonge ou se raccourcit à volonté. *d.* Vis de pression qui agit sur le prolongement du support *c* dans la douille de l'étau, et maintient cette partie de l'appareil dans le degré d'écartement que le chirurgien croit devoir donner aux jambes du malade. *f.* Vis de pression bornant le glissement de la pièce *e*, au bout de laquelle se trouve une douille qui reçoit la tige *i*. *G.* Semelle ou pantoufle qu'on peut arrêter à tous les degrés d'inclinaison par le moyen de la vis de pression *h*. *i*. Tige articulée par un genou avec la pantoufle, et qui monte et descend dans la douille de la pièce *e*, où elle est retenue par la vis *j*. Cette dernière combinaison a été empruntée par moi au lit mécanique de M. Tanchou. Toutes les autres m'appartiennent.

Fig. 5. Pantoufle vue par dessous. *a*. La semelle. *b*. Pièce articulée avec la tige *i*, fig. 4, et sur laquelle mord la vis de pression *h*., même figure.

Fig. 6. *Point fixe*, ou broche supportant les instrumens lithotriteurs.

a. Étau qu'on assujettit au point central du panneau inférieur du lit-pupître. *b*. Vis de pression agissant sur la tige. *cc*., pour la maintenir aux degrés d'élévation et d'inclinaison convenables ; la ligne ponctuée marque l'étendue du mouvement dont la broche est susceptible d'avant en arrière. *d*. Articulation en genou que j'ai placée là, afin de pouvoir donner plus ou moins d'obliquité à l'instrument lithotriteur sans changer la position de la broche. *e*. Vis de pression de l'articulation en genou. *f*. Enfourchement dans lequel sont reçus, ou mon chevalet ou la masse qui termine la gaîne des instrumens lithotriteurs. *g*. Vis de pression agissant par l'intermédiaire d'un lardon.

Fig. 7, bouton ou *conscienee* qui sert à pousser le foret en avant quand on se sert de l'archet sans l'intermédiaire d'un tour. *a*. Poignée de bois ou d'ivoire. *b*. Boîte dans laquelle est reçu le foret. *c*. Vis de pression qui empêche la boîte de virer dans le manche lorsqu'on veut que le bouton serve de point d'appui pour écraser la pierre ou ses fragmens entre les branches de la pince, comme le pratique M. Civiale. On évite ainsi de matelasser d'un linge l'extrémité du lithotriteur, ainsi que le fait ce chirurgien. *d*. Vis de pression retenant le foret dans la boîte.

Fig. 8. Mécanisme qui permet au couvercle de la boîte de glisser à l'encontre du plan incliné qui soutient le bassin.

a. Bride surmontée d'une poupée dont le collet glisse dans la mortaise *b b*, pratiquée à travers une pièce de fer qu'on entaille dans l'épaisseur du panneau mobile.

Après avoir déployé le lit-pupître sur la table à laquelle on veut l'adapter, il faut le pousser en avant de manière à ce que le panneau *a* de la fig. 3 dépasse le bord de cette table dans une longueur de trois pouces. L'étau des porte-semelles, placé obliquement dans l'angle rentrant qui résulte de cette saillie, embrasse à-la-fois le dessus de la table et le panneau. L'étau du point fixe ne mord au contraire que sur ce dernier. Cette disposition empêche la traverse antérieure de la table de gêner la broche dans ses mouvemens d'inclinaison.

Dans la description minutieuse de mes instrumens, j'ai eu pour but d'en faire apprécier le mécanisme et les usages. Si le lecteur me comprend, il me pardonnera sans peine les redites où je me suis trouvé entraîné.

Faute essentielle à corriger.

Page 28, ligne 4, *au lieu* de dix-huit lignes, *lisez* dix-huit pouces.

Imprimerie de GUEFFIER, rue Mazarine, n°. 23.

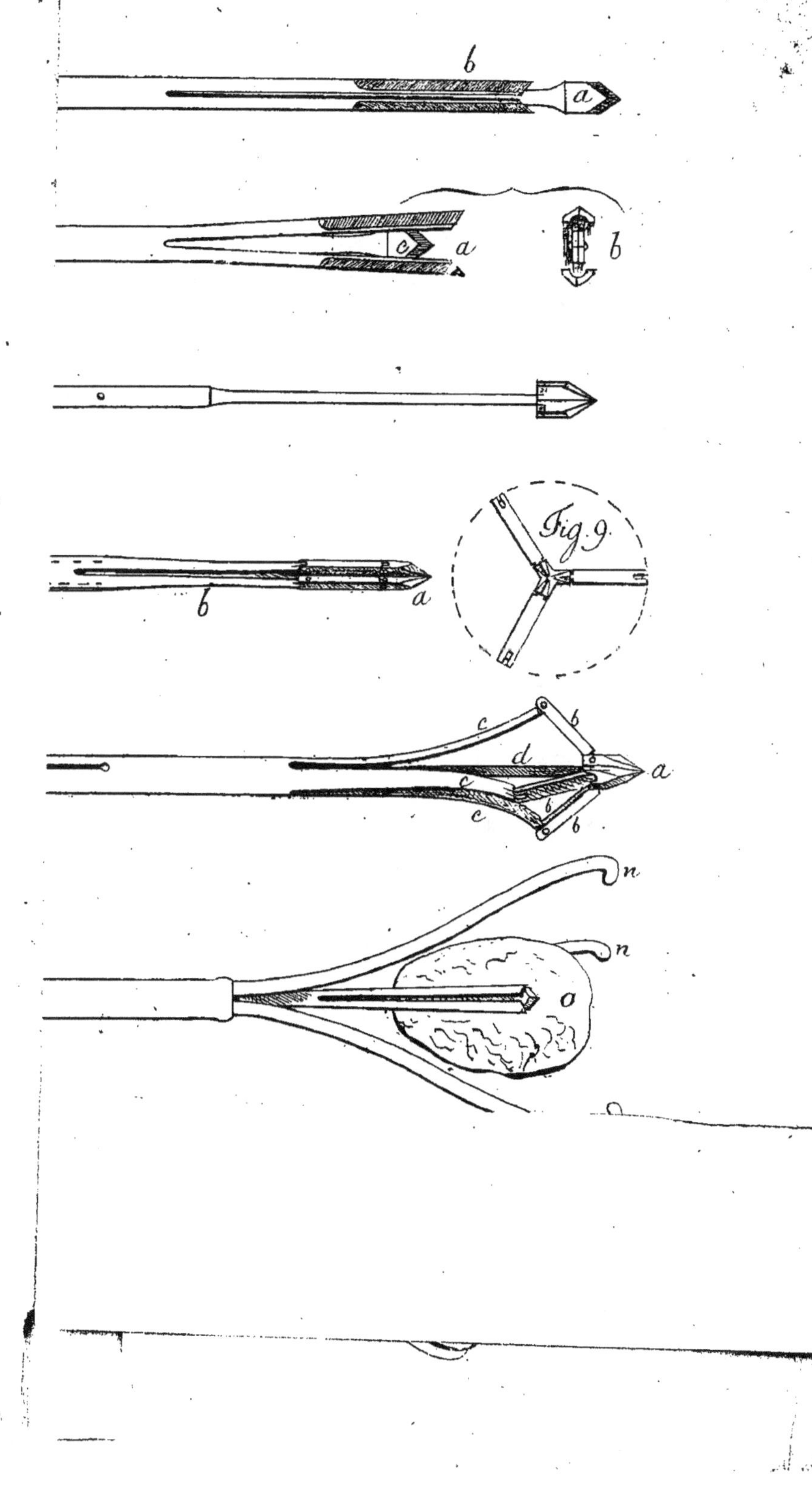
b
a
c
a
b
a
b
Fig. 9
c
b
d
c
b
a
c
b
b
n
n
o

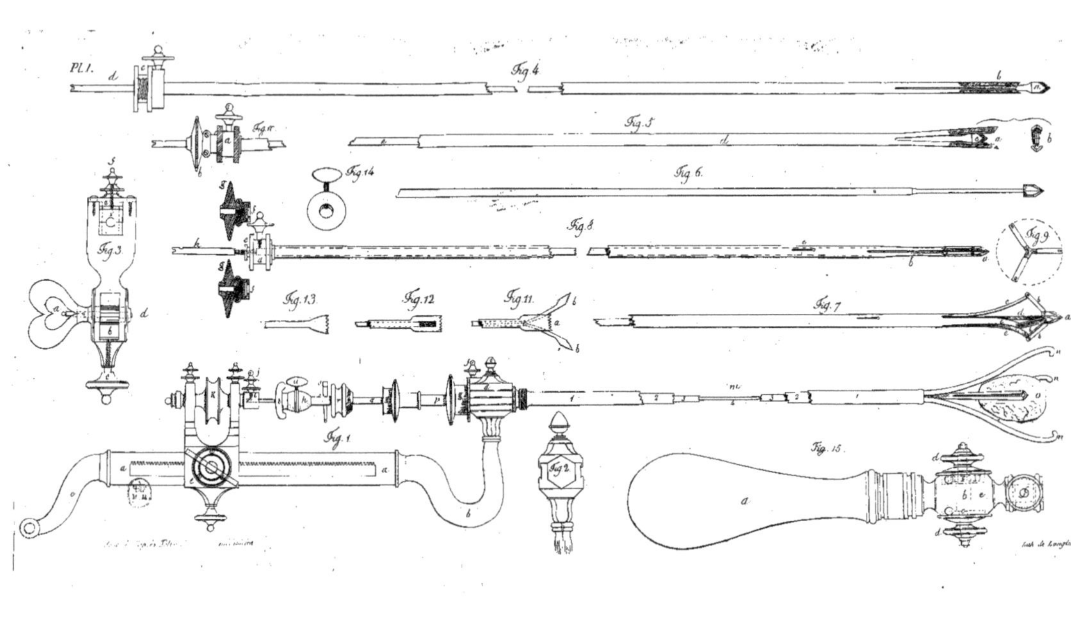

Pl. 1.
Fig. 4
Fig. 5
Fig. 6
Fig. 8
Fig. 9
Fig. 14
Fig. 3
Fig. 13
Fig. 12
Fig. 11
Fig. 7
Fig. 1
Fig. 2
Fig. 15

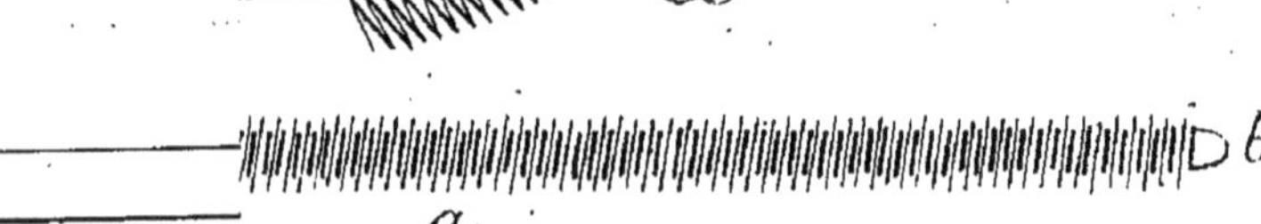

a
b

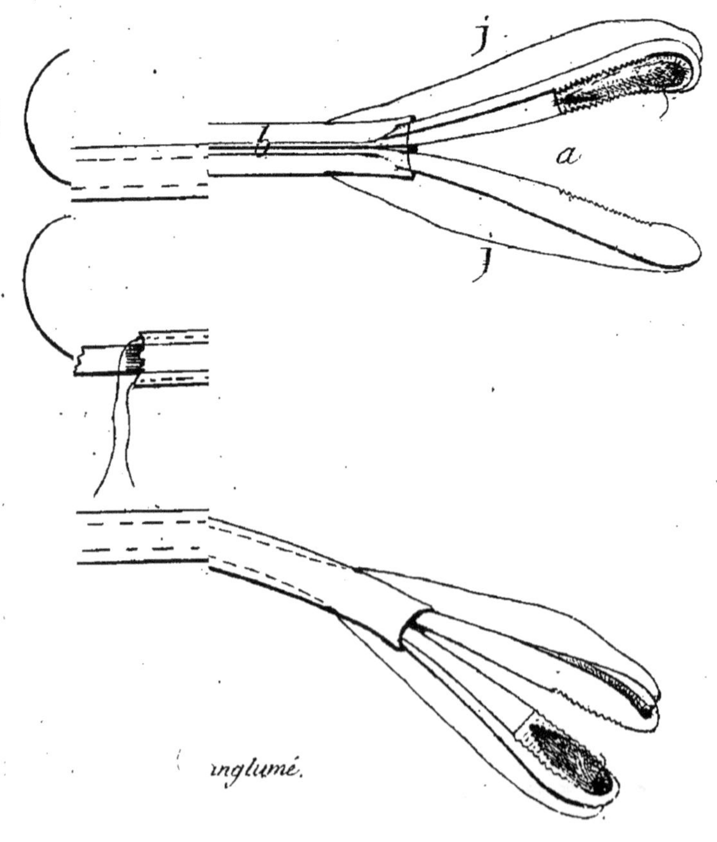

j
a
j
inglumé.

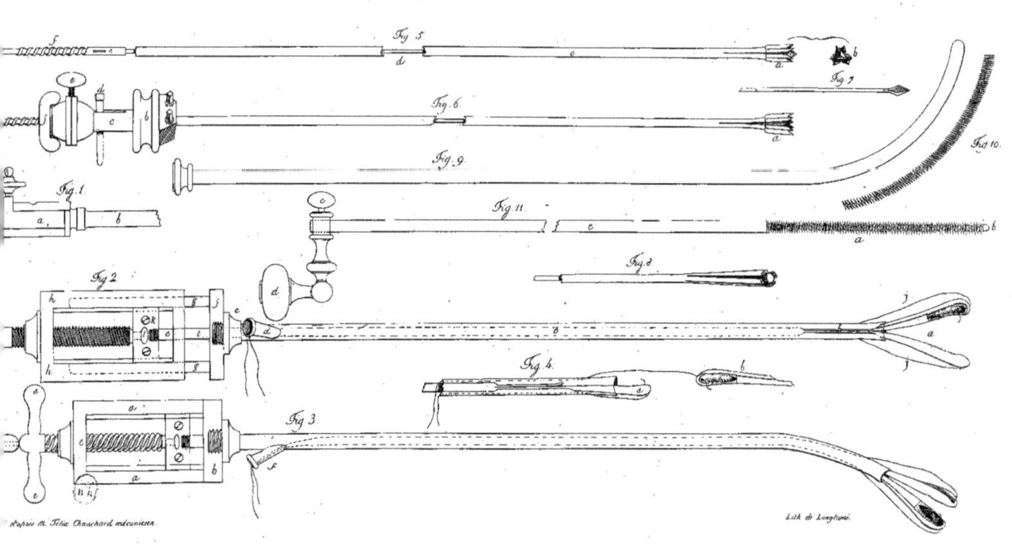